まえがき

トマ・ピケティの『21世紀の資本』が、[illegible]セラーになった。

ほとんどの期間で、「資本収益[illegible]得成長率（g）」が成り立っていることをデータで実証した労作。これはつま[illegible]、と格差は拡大する」ということを言っている。税制などで是正《ぜせい》しない限り[illegible]層・貧困層との差はどんどん広がっていく。

富裕層は、余裕資金でもって、リ[illegible]にリターンも大きい投資をする。一方、生活するだけでかつかつの給与所[illegible]運用するような余裕資金はない。

ピケティはこの状態は是正すべ[illegible]しも、賛成する。わたしがそう思うのはなにも道徳心からではなく、「それ[illegible]もたない」と思うから。


国家に安定性をあたえよう[illegible]分は（略）ひとしく公共の福祉に有害である。一方からは暴政の先導者が生まれ、他方からは暴君が生まれる。（略）百万長者と乞食のいずれをも認めてはならない。この二つの身

（ルソー『社会契約論』）

では、ピケティはそのためにどうするのかというと、世界各国が協調して、資産に累進課《るいしんか》

税《ぜい》することを提案している。

ここで、わたしは立ち止まってしまう。富裕層の資産に累進課税ができる世界政府って、それ、どんだけすごい権力なんだ？　ザミャーチン『われら』に出てくる「単一国」のことじゃないか？　国民は「ナンバー（全員数成員）」と呼ばれ、「恩人」のもと、生活の隅々までを監視、管理される。セックスまで許可制。

まあ、これは小説の話だとしても、それぐらいな権力でないと、世界同時資産課税なんてできない。夢物語であるうえに、じっさい、そういう権力ができるのをわたしは望まない。

じゃあおまえはどうするんだよ？

そう問われて、明確な答えが自分にあるわけではない。ただ、「自分はこうしたら、すごく楽になった」という解答例を、持っている。頭で考えた夢物語ではない。思考実験でもない。自分の体を使って確かめた、人体実験の結果だ。

それは、なにか？

ばっくれる。

逃げる、と書きそうになったが、逃げるのとは、ちょっと違うかもしらん。逃げるというと、相手に背中を向けて全速力、一八〇度違う方角へ駆け出す、というイメージ。ばっくれるのは、そういう真剣さがない。ふっと目をそらす。あらぬ方へ、鼻歌でも歌いながら、肩でリズムでも刻んで、風ん中、プラプラ歩いてどっかに消えちまう。

問題を、問題でなくしてしまう。

格差問題が問題だ、という問題の仕方には、問題があると思う。格差が問題だとすると、それはつまるところ、格差をなくす、みんなが経済的な強者になる、ということを目指すことになる。そして、格差を測る物差しはなにかというと、貨幣。カネだ。

高度に発達した資本主義、近代国家のなれの果てに生きているわたしたちにとっては、まあ、それも仕方ない側面がある。そういう生活態度に慣れちゃっているのだ。

しかし、その社会から、ちょっとはずれる。はずれるように、行動する。ばっくれる。資本主義から少しだけはずれる、近代社会からばっくれると書くと、今度は「なになに？スローライフ？　ロハス？　エコロジー？　オーガニック？　シフトダウン＝減速して自由に生きちゃうの？」とか聞かれる。

そうじゃないんだ。そこまで真剣じゃないんだ。ちょっとだけ、はずれる。全力で逃げるんではない。資本主義社会にも足を突っ込みつつ、肝心なところは、ばっくれる。そういう、まじめな人に言わせると、ふざけた態度。中途半端で、軟弱で、ヘタレな生き方。

だって、昔から、まじめなやつが、嫌いとは言わないが、苦手だったんだ。主義とか語っちゃうやつとは、友人になれなかったんだ。そういう人たちって、寄り目なんだ。

遠藤賢司《えんどうけんじ》の名曲に「ラーメンライスで乾杯」というのがある。その中に出てくる絵描き。

「絵筆片手に、慣れない畑仕事」をしている男。友人の小説家の成功に嫉妬《しっと》して、つい喧嘩《けんか》を売ってしまう。そして仲直りに現れた小説家の友人に謝り、ラーメンライスで乾杯して、飲み明かそうぜと語りかける（そしてたぶん、酔っぱらってまた喧嘩しちゃうのだ）。

わたしの脳裏にあったのは、精一杯もがき、自分の生を生ききっている、憎めない、あの売れない絵描き。ああいう生き方をすると、どうなるか。その記録をつづったつもりなんだ。

エンケンさんも再び出てくるが、各章の最後には、歌詞や詩をちりばめてある。かならずしも正確な順序の歌詞の引用ではないし、英語曲など思いっきり意訳している。歌でも歌いながら、あらぬ方へプラプラ歩いてばっくれる。そのときどきの筆者の鼻歌が、それらの曲であったということだ。鼻歌だから、正確じゃない。

そうして、この本全体が、肩の力の抜けた、木々が揺れている凪ん中、プラプラ散歩しているような、そんな鼻歌になっていればいいんだけどな、とも思っている。

ちょっとしたリズムに乗るだけで
揺れてる木々からハナウタ
街の中を流れてく　凪ん中
ふたりを祝福するウタ
そう感じた

（エレファントカシマシ「ハナウタ」）

目次

挿画　辛酸なめ子

アロハで田植え、はじめました

近藤康太郎

第1章　すべてはおまえのせいだろう！

悪いニュースの、足は速い。

長く一緒に仕事をしているフリーカメラマンから、二〇一三年のある日、連絡が来た。数年ぶり。「久しぶりに会えないか」と言う。

ピンと来た。仕事がないのだろう、たぶん。

このカメラマン、腕はとびきりいい。ところが、腕のいいライターやカメラマンによくあるように、この人も職人気質。ちょっと気難しく、口が悪い、というか、癖《くせ》のある言い方をする。

一時期、わたしとの仕事がいちばん多いと言っていた。そういう、「大事なお得意さま」であるはずのわたしとも、ぶつかってしまうのだ。ある日、ちょっとした行き違いで衝突した。わたしもとびきり短気なほうだから、「じゃあ、つきあいもこれまでだね」と、縁切りしてしまった。そんな間柄。

一徹な人間が、過去にひと悶着《もんちゃく》あった男に声をかけてくるのは、よほどのことだ。

はたして、話は「仕事」のことだった。

出入りしていた雑誌が、ばたばたつぶれていく。残った仕事は、ギャラの安い、腕を振るう余地の少ない、やっつけ仕事ばかり。編集者の質も、どんどん下がっている。これじゃあ、食っていけない。カメラやめようかなって言っている仕事仲間もいる……。

才能ある過去の仲間を苛《さいな》むのは、人間として最低ランクの下司《げす》野郎。みなまで言うな。「じゃあまた、おれのほうにいい仕事あったら回しますよ」。そう約束して、酒肴《しゅこう》を前に、罪のない世間話に移った。

バイトしないと生きられない

しかし、その日、家に帰って床に入っても、考え込んで寝付けなかった。

インターネットが普及して、文章も、写真も、音楽も、もしかしたら映画も、カネを払ってまで読む、見る、聴くものではなくなったらしい。この男、口は悪いが、とても腕の立つカメラマンなのだ。その彼が、カメラで生きていけない社会って、なんなんだ?

彼に限らない。それまでにも、知り合いのライターや編集者が、本業だけじゃ食っていけないからと、コンビニでバイトしたり、実家に帰って家業を継ぎながらライターや編集者も続けたり、という話をよく聞くようになった。

バイトが悪い、と言っているのではない。ただ、食うためだけにする仕事としては、たとえばコンビニのバイトはきつすぎる、精力を取られすぎる。

一九〇二年生まれのアメリカの作家にエリック・ホッファーという人がいる。「沖仲仕の哲学者」として知られ、港で肉体労働しながら、思索と著述の日々を送った。

エンシナルでハワイアン・マーチャント号の荷積みを八時間。らくで大変楽しい一日だったが、夕方になってひどい抑圧を感じる。私が人生を楽しまない――良い部屋に住み、良い衣服をもち、すばらしい図書室をつくり、あるかぎりの良い音楽を聞く――のは世俗的な理由のためではない。（略）私は一定のペースでものを考え、書き続けられるし、でき上がった原稿はそれはそれで放っておける。

私が満足するのに必要なものはごくわずかである。一日二回のおいしい食事、タバコ、私の関心をひく本、少々の著述を毎日。これが、私にとっては生活のすべてである。

（エリック・ホッファー『波止場日記』）

ホッファーにとっての肉体労働は、食っていくため、生活の糧《かて》を得るため〈だけ〉、ではなかった。思い上がった〝知識人〟には、なりたくなかった。だからこそ、肉体労働が、彼の哲学には必要だった。

ユニクロ親玉のねごと

　ところで、このように労働を悦びとして、自らに必要なものとして積極的に働いている若い人って、どれほどいるのだろうか。多くの人にとって、労働とは、単に飢《う》えないためだけに受忍《じゅにん》している、十字架のようなものになっていないか？

　考え込んでいた疑問が、一挙に怒りへ爆発したのは、柳井正《やないただし》氏の新聞インタビューを読んだときだった。ファッション業界の雄ユニクロの〝親玉〟。ファーストリテイリング会長兼社長が、「世界同一賃金」なるものを提唱していたのだ。

　ユニクロは、欧米でも、中国、インドなどでも店舗を展開するグローバル企業。そのユニクロが、中国やインドと日本の店長の給与をならしていく、だんだん同じ水準にしていく、方だ。

「グローバル化する」という。

「社員は、どこの国で働こうが同じ収益を上げていれば同じ賃金でというのが基本的な考え方だ。新興国や途上国にも優秀な社員がいるのに、同じ会社にいても、国が違うから賃金が低いというのは、グローバルに事業を展開しようとする企業ではあり得ない」

　これが、柳井氏の主張だ。

　逆に、日本の役員報酬は欧米に比べて低い。これもグローバル化するから、日本の役員報酬は上がる可能性がある。

「将来は、年収一億円か百万円に分かれて、中間層が減っていく。仕事を通じて付加価値がつけられないと、低賃金で働く途上国の人の賃金にフラット化するので、年収百万円のほうになっていくのは仕方がない」

わたしらは侮辱のなかに生きています。

（「春さきの風」）

中野《なかの》重治《しげはる》なら、そう書くところだ。

グローバリゼーションは魔法の呪文

ユニクロ総帥の柳井氏の発言は、率直というか無防備というか、あまりにあけすけで、あやうく好感を持ってしまいそうになるところだが、歴史から何も学んでいないこの無知さが、資産一兆円を超えるといわれる世界の大富豪の正体なのだ。

賃金というのは、労働力の対価だ。労働者が、そのカネで、食べて、休んで、寝て、たまには映画でも観て気晴らしして、そうして翌日も健康的に働ける。そのための、労働者が労働力を再生産するために〝等価交換〟（本当はちがうのだけれども、いちおう）で支払われるべき、対価だ。

そうしてその対価は、歴史的文化的な要素を勘案して、決まる。ひらたく言えば、そのときどきの物価水準にあわせて決まる。当たり前だ。インドと日本では、何を買うにも、物価水準はぜんぜん違う。

これは、労働者と資本家とが、ときには血を流す犠牲を払って、長い時間をかけて決めてきた、いわば「歴史遺産」だ。

二〇〇〇年に潮目が変わった

唐突だが、ここで、少し自己紹介をさせてもらう。

一九六三年、東京・渋谷に生まれた。大学を出るまで東京で、卒業後、新聞社に入ってからも任地は川崎や宇都宮と、首都圏で暮らしてきた。一九九九年にニューヨークに移り住むが、それをのぞけば、ずっと東京がホームタウン。

ニューヨークには新聞社の特派員として赴任《ふにん》したのだが、そこで同時多発テロの現場に出くわしている。あとで書くことにもなろうが、その事件に立ち会った影響は大きく、日本に帰国して、アメリカ関係だけで四冊、本を出した。ほかにも、日本のアンダーグラウンド音楽についての本を出したり、古典文学の本を出したり、経済についての対談本まで出したりと、はためには「なにやってんだ、こいつ?」という、焦点のあわないライター人生を三十年も過ごしてしまった。しかし、自分としては、音楽を書こうと文学を書こうと、アメリカや、政治、経済の話を書こうと、ばっちり焦点があっている、というか、〈同じこと〉を書いているつもりだ。

そのことはおいおい明らかになっていくはずだが、ニューヨークから東京に帰ってきたのが二〇〇二年。潮目が変わるというのは、このことか。このころ、東京が、自分にとってとても住みづらい街になってきた。息苦しい。

電車などに乗ると、なんとなくギスギスしている。それに、やたらと電車が止まる。人身事故だ。「またかよ」と舌打ちする乗客が増えている。自殺者、あるいは自殺未遂者の、その特定の個人の顔が、想像できないんだ。だれにも、そんな余裕がない。

このころ、日本社会の分水嶺があったのではなかったか。

二〇〇〇年代は、非正規雇用という労働形態が一般的になっていた時代だ。雇用者に占める非正規社員の割合は二〇一二年には三十五パーセントになった。平均年収は、一九九七年の四六七万円から下落基調で、二〇一一年には平均四〇九万円。それ以前より年収二〇〇万円以下の人も、一千万人を超えている。

そんな時代に、資産一兆円超えしている世界の大富豪、柳井発言である。

いやいや、なにも、社会正義にかられ、「こんな不平等は許せない」と悲憤慷慨《ひふんこうがい》しているわけではない。自分で言うのもなんだが、わたしはかなり、利己的な人間だ。

「こんな不平等は許せない」ではなくて、「こんな不平等を許していると、社会がもたない」と、強く思うようになった。自分もその一員であるところの、日本の社会が壊れる。

人間は、残念ながら、徒党を組まないと生きていけない生物だ。集団を組織しないと、生き残ってこられなかった。自然界においては、弱っちい生き物だ。

〈社会〉を築かないと生きられない。しかしそれは同時に、個々の人間のあいだにもともと〈社会〉があったわけではないことを意味している。そうしないと生きていけないから、最初の最初に、〈社会〉というものを構成しましょうよ、という暗黙の〈契約〉を結んだ。

ある意味、仕方なく結んだ契約なのだから、なるべく制約を少なく、構成員それぞれの生き方を邪魔しないようにしないといかん。自由が肝要《かんよう》だ。そして一方で、社会からの取りこぼしや落ちこぼれがなるべくないように、気を配っていなければ、集団がもたない。公平・公正さも大事だ。病者や老人など、弱者に気を配るのは、だから道徳からじゃない。そうしないと社会がもたないからだ。壊れないように、繊細に扱ってやらなければならない、取扱注意の器が、〈社会〉なのだ。

世間とそりがあわないときどうするか

ところが、例の発言で柳井氏がバッシングされてきたかというと、そうでもない。むしろ雑誌の「ビジネスパーソンが選ぶ現代最強の経営者」ランキングなどでは、上位に居続ける。「泳げない者は沈めばいい」が口癖だというグローバル企業のトップが、名経営者としてもてはやされる。

これは、どうも自分が悪いんじゃないか?

そう思い始めた。自分が、いまの世間の潮流についていけてない。世間から、自分の考えが遊離しているのは、なにもいまに始まったことではない。しかし、その乖離《かいり》具合が、はなはだしくなりすぎた。息苦しい。かげんが悪い。頭が痛くなってくる。

いくらそりがあわないからといって、世間を変えられるわけがない。人は変えられない。できるとしたら、自分が変わることだけだ。

そんなとき、特効薬がある。

ショバを移す、というやつだ。


「どうも頭が痛みまして。」と、アルベールが言った。

「それなら子爵、」と、モンテ・クリスト伯が言った。「そういうときに、とてもよく効く薬をお薦めしましょう。わたし自身、ちょっとかげんが悪いときにはいつも用いて奏功疑いなしの薬でしてね。」

「それは？」と、アルベールがたずねた。

「居をうつすというやつなんです。」（略）

「空気の清らかなところ、もの音の聞こえないところ、いかに高慢な人であろうと、自分がつまらない、小さなものに感じられるようなところへというわけなのです。」

（アレクサンドル・デュマ『モンテ・クリスト伯』）


引っ越す。それも、できるだけ、遠くに。けったくそ悪いニュースの電波が届かないところに、しばらく身を潜める。

人を変えることはできないから

人を変えることはできない。自分が変わるのみ。実は、これは取材で教わったことでもあった。高円寺のリサイクルショップ「素人の乱」の店長・松本哉《まつもとはじめ》だ。この人を新聞がまともに取り上げた最初の記事を書いたのは、自慢じゃないが、わたしだ。

この人はオピニオンリーダーみたいなかたちでメディアにまつり上げられることもあるが、少なくともわたしの取材で、高みからものを言ったことは一度もない。

主張といって一貫しているのは「それぞれ個人が勝手に生きること」。だから、格差社会は問題だという論調にもくみしない。なぜかというと、それは、「負け組もがんばって経済強者になりましょうというのが前提になっている」からだ。そんな生き方、まっぴらなのだ。

松本は、こう言う。

「こうしたらよりよい社会ができるなんてアジテーションは、信じない。北朝鮮だってソ連だって、『こういう労働者のユートピアがある』という青写真を示して、あんな国になっちゃったわけでしょ。僕がやりたいのは、まず自分たちで勝手に、おもしろく暮らしていける社会を作っちゃう。それをいまの社会と対置させたい。会社での生き残り競争に必死で、住宅ローンなんか組まされて、大量に消費して、そうやって死んでく社会。それと、僕らの社会。どっちがおもしろそうか」

松本は、リサイクルショップの店先で、そう語った。学生時代のおふざけの延長、みたいな軽さが心地よかった。しかし、わたしは、この年下の活動家の発言に、重大な真理を嗅《か》ぎつけてしまったのだ。

未来のユートピアを語る者は、必ずその世界の独裁者だ。

（ハンナ・アーレント）

理想の社会なんて語るな。革命なんか、犬にでも食わせろ。社会や世間じゃない。自分が変わるんだ。革命を起こすなら、社会じゃない。自分に、革命を起こすんだ。

新聞なんか飛びだせばいい

ことのついでに、わたしがなぜ、変わらなければならなかったのか、それも書いておく。といっても、自分語りは常に自分に都合よく、また自己憐憫《れんびん》を含むものになることを、最初に警告しておく。

一九八七年に朝日新聞社に入り、新聞記者として修業を始めた。地方記者から始めて、東京では主に文化部に籍を置いた。ただ、どうしても書きたかった記事、それは日本のアンダーグラウンド音楽についての記事だったのだが、新聞にはなかなか載せてもらえなかった。いま思えば当たり前で、そんなもん、大部分の読者に興味はなかろうし、なにより、先輩にちゃんと音楽担当記者というのがいる。

二十代の最後の年、思いあまって、外部の雑誌社に企画を売り込みにいった。朝日の記者としてではなく、どこの馬の骨ともしれぬ、一介のフリーのライターとして。まだ出版界の景気がよかったのか、無事に企画を買ってもらい、記事が掲載された。

そのとき、ほんの少し、「ありゃ？」な感じをもった。解放感。充実感。自分が企画し、取材し、書いた文章が、自分の属している組織では載らないのに、外部には、載る。ネタさえよければ、買ってもらえる。

「自分の記事が載らない、好きなことを書かせてもらえない」と、仲間うち、飲み屋で愚痴《ぐち》る。それが、わたしの知る、朝日記者の一般的なスタイルだった。だから、自分の原稿を使ってもらうため、好きなジャンルの記事を将来書けるようになるため、組織や上司や先輩記者に取り入る。パージされないよう、うまく立ち回る。これはこれで、まあ、立派なひとつの生き方ではあろう。

ただ、自分にはうまくできなかった。かっこうつけて言うのではない。単に、能力の問題。周囲と協調的に生きていくことが、極端に下手なのだ。協調性ゼロ。でも、ライターなら、活動の場は新聞だけじゃない。新聞社内で書けないなら、外で書けばいいじゃないか。

そう気づいて外に書き始め、はや二十年以上。ライターとは、つまり行商だ。ほとほと、痛感するようになった。背中に自分が作った野菜を背負い、都会へ電車で売りに行く。あの、近郊農家のおばちゃんたち。ライターなんて、あれとおんなじだ。いや、同じであるべきだ。自分の企画を背負って、編集部へ行商に歩く。うまけりゃ買われるし、まずかったら二度とお声はかからない。それでいいんだ。

腕力仕事でやってはきたが……

以来、外の出版社に出入りし、雑誌の原稿を発注されたり、本を出版してもらったりしてきた。だからこそ、冒頭書いたように、社内の友人よりも、社外の編集者やフリーライター、フリーカメラマンとの付き合いのほうが多い。

ところで、ライターとしてそういう生き方をしていると、当然の報いではあるが、新聞記者としては、浮く。居場所がなくなってくる。

新聞記者としては、文化部や外報部、それに雑誌編集部で過ごした。たとえば文化部という部署ならば、映画や文学、美術や音楽、それに論壇など、特定の専門分野があり、分野記者と呼ばれる、専門の知見を持った（というか、持ったと自称する）記者たちが幅をきかせている。これが、王道系の記者だ。

自分はなんだったかというと、ずっと遊軍。つまり、なんでも屋。

西に橋下徹《はしもととおる》大阪市長のもと高校の校長が教員の君が代斉唱を監視してると聞けば飛んでいき、東に集団的自衛権が閣議決定されると聞けば国会へかけつける。政治部や経済部、社会部が書くようなネタを、彼らが書かないような切り口で、文化面に載せる。

毎週違うトピックを追いかけて、席の温まる暇もない。他人の専門分野も、あいさつなし。土足で人の家に上がり込んで書きまくる。専門もへったくれもあったもんじゃない。基本的に自分が知らないことを、すちゃらかっと取材し、タイミング命、速攻で載せる。度胸と腕力勝負。

それはそれでおもしろかったのだが、しかし、自分も齢《よわい》五十を迎えた。まわりの同期入社組はもう何年も前から、専門分野の担当記者におさまって、高尚なんだか自費出版のポエムなんだか、ふんぞりかえった上から目線の文化記事を書きくさっていやがる。それで、おれはまた今年も、土方仕事なわけ？　なめてんのか？　ふざけんなよ。

とまあ、被害妄想というか偏執《へんしつ》というか適応障害というか、言ってみれば軽度の心の病気にかかったわけだ。

人間誰しも、自己評価は高い。おれがいちばん仕事をしている。それなのに、評価されていない。便利に使われている。このまま一生腕力仕事で、体力が尽きたらポイ捨て。

うーん。書いていると自分でもいやになるほどの器量の小ささだが、気取っても仕方ない。特A級にせこい被害妄想にとりつかれ、東京での力仕事にほとほと嫌気がさしてきたのだ。

遅れてきたミドルクライシス。童貞捨てるのも遅かったので、なにに対しても、周囲の男より成長が遅い。いまでも「15の夜」を「卒業」していない。認める。

そんなこんなで病をこじらせ、ある日、会社に異動願いを衝動的に出してしまった。長崎、高知、宮崎……海があればどこでもいい。東京から遠く離れた田舎の一人支局に、すっ飛ばしてくれないか、と。

口から出まかせオルタナ農夫

「近藤さん、ちょっと」

文化部長に手招きで呼ばれた。部長といっても、もはやほとんどみな、わたしより年下だ。

「あんた、おちょくってんですか？」

真顔で問われた。そりゃそうだろう。この部長は、いつもわたしにたいへんよくしてくれ、目立つ場所ででかい仕事を、自由にやらせてきてくれた。文化部では東京に残留したいという記者がほとんどで、地方へいくのは〝泣く泣く飛ばされる〟という記者ばかり。でも、わたしはいつも東京勤務。

それが、人事異動の希望に、遠くの田舎の一人支局を強く希望している。なるべく早く、いますぐにでも。そんなことを書いているのだから。

「いや、真剣なんです」

「地方で、なにを書くつもりです？」

なにを書くつもりも、ありゃしない。なにしろ、軽度のうつ病なんだ。しかし、まさかそうとも言えず、ついいつもの悪い癖、ふらふらと口から出まかせの企画を口走ってしまった。

いわく、オルタナ農夫計画。

「なんすか？　それは？」

部長が聞いたことないのも無理はない。いま、わたしが作った造語だ。

オルタナティブな農夫。プロの専業農家じゃない。兼業農家、というのでもない。いまひとつの、もう少し別様の、農夫のあり方。

労働は苦しいものなのか

いま作った造語と書いたが、まったくの思いつきというわけでも、じつはない。アメリカから帰ってきて東京とそりがあわなくなっていった二〇〇二年ごろから、少しずつ自分のなかで固まってきた、ある疑問があった。


人は、働かなければ食っていけないのか？

労働は苦役で、当然なのか？

労働は、昔は悦びの源泉ではなかったのか？


オルタナ農夫の正体については次章で詳しく書くとして、いまの日本を覆うノーフューチャー感は、何なのか？

閉塞感というのは、なにもアメリカの貧困層や、中国の山中の農民と、日本のいまの自分を比べて感じるものではない。いちばん近い他者、具体的には自分の親と比べて、ひしひし感じるものなのだ。

若いときは苦労もするし、低い初任給でがまんもするが、いずれは結婚し、子供を産み、育て、ローンを組んで家を買い、定年まで会社を勤め上げ、退職金でローンを完済、年金ももらえる。

親世代では当たり前だったそんな将来設計を、いまの若者のだれが描けるというのか。

ゲームのルールは変わったのだ。日本や欧米など先進国が、わたしたちの親の代まで、物質的には豊かな生活を、右肩上がりの経済成長を達成できたのは、乱暴かつ単純にまとめるならば、結局は、アジア・アフリカ・中東の後進国から、収奪してきたからだ。

日米欧の先進国は、石油メジャーが提供するエネルギーを安値で手に入れ、鉄鋼から船、ついで車や家電、最後はコンピューターなどを製造し、それを「フロンティア」であるところの後進国に売る。すごく単純だが、原理的に言うと、現代資本主義は、そういう簡単なメカニズムで動いてきた。安価な原材料、広大なフロンティアが地球上からなくなったので、成長できなくなっているというに過ぎないのだ。

機械との競争に負けている

ノーフューチャー感の大きな理由は、まだある。いまの日本の働き手にとって、競争相手は新興国ばかりではない。機械だ。

エリク・ブリニョルフソンとアンドリュー・マカフィーによる『機械との競争』は、背筋の凍るような現実をリポートしている。

いまのコンピューターは、パターン認識や言語など、これまで機械が不得意とされていた部分でも、能力改善がぐんと進んだ。グーグルは、機械による自動運転の車で、北米大陸を千六百キロ走破した。クイズ番組では、単なる暗記力ではなく、複雑であいまいな設問を含む問題で、コンピューターが人間の王者を圧倒した。

機械が人間を不幸にする元凶だ、というのは、稚拙な論理だ。しかし、肝心なことは、新しい仕事を生むには、一定の時間がかかるということだ。その反面、コンピューターの演算処理スピードは、徐々に増えていくのではない。指数関数的に能力が向上する。つまり、機械の能力向上のスピードに、「より人間らしい新しい仕事」を生み出すスピードが、まったく追いついていないのだ。

機械が仕事を次々奪う。残るのは、画期的なアイデアを出す経営者や、作家や作曲家らの創造的な仕事、もしくは接客業など一部の肉体労働だと、前掲書は冷酷にも予言する。

創造物に対価を払わない時代

ではどうするか。〝グローバルな〟経営者に唯々諾々《いいだくだく》と従って、自分に付加価値つけるため、日本人だけの会議も英語でしゃべるとかいう茶番に付き合うか？　それとも、年収一〇〇万円のほうに収斂《しゅうれん》され、体をぶっ壊すまで働くのか？

わたしたちが生き残る道って、それしかないのか？

そうではない。ほかにも道があるはずだ。資本が隠蔽《いんぺい》しているだけ。それしか選択肢はないように、見せかけているだけだ。

根拠はないが、そんな直感が、自分にはあった。

わたしは、新聞を主体に、雑誌やら本の出版やらで収入を得るライター生活を、もう三十年近くしている。三十年もしていて、これが飽きない。むしろ、年々おもしろくなっていく。自分で、仕事の課題が年々明らかになる。奥の深い仕事と、確信するようになっている。

しかし、ライターの仕事も、どんどんなくなっている。いわずもがな、インターネットのせいである。いま、新聞・雑誌を読み、定期的に本を買う習慣を持つ大学生や高校生を見つけるのは、難しいだろう。活字を読まないで育った国民が大半になったとき、新聞業、出版業が、いまと同じような規模で成り立ちうるわけがない。漫画も、音楽や映画などのパッケージ商品も、大同小異だ。

創造物に対価を支払うという習慣をもたない人たちで、世界はじきに、埋め尽くされる。そうしたときに、ではミュージシャンはミュージシャンであることをやめるだろうか。作家は作家であることを、画家は画家であることを、やめるのだろうか。

まあ、やめる人も多いのだろう。が、それはそれまでの人でしょう。銭カネじゃない。書かなければ、歌わなければ、描かなければ、生きていけないんだというのが、本物のアーティストだし、そうしたアーティストの表現以外、少なくともわたしには、用がない。

そして、まったく口はばったいが、自分にとってのライター稼業も、いつしかそういう、銭カネの問題ではなくなっていたのだ。

金がまったく稼げなければ困るけれど、しかし、もうからないからやめるということでは、すでにない。書くことは、もはや生きることと同義になっている。

選挙フェスにピンときた

そんなこんなを考えているところに、三宅洋平《みやけようへい》という男に出会った。二〇一三年の参議院選挙で、緑の党で比例区から出馬。政治の世界はまったく素人のバンドマンだが、選挙フェスという、音楽フェスティバルと選挙運動を融合させる手法で、おもに若者を中心に旋風を巻き起こした。なんと十七万票を獲得し、惜しいところで次点の落選、となった。

そんな選挙フェスを、新聞記者としてずっと取材し、三宅にも話を聞いてきた。

「畑をやってりゃ、死ぬことはない」

選挙での主張とは直接の関係はないが、三宅は選挙フェスで、よくそう語っていた。

ここに、ピンときてしまった。

自分だって、いまは新聞社に勤める会社員だが、新聞なんて斜陽産業。いつまでも続きゃしない。それに企業なんて不祥事が続けば、経営基盤そのものが大きく揺らぐ。企業風土も変わってしまう（じっさい、この後に朝日新聞はたいへんな嵐に見舞われることになるが、それは先の話だ）。記者とはいえ結局は会社員だから、人事異動もふつうのこと。

で、おまえは、新聞社がつぶれたらどうする？　つぶれないまでも、自由にものが書けない空気になったら、どうするか。書く部署から異動させられたら、どうするのか。おまえは、ライターであることをやめるのか。

外部の雑誌、本でも同様だ。もはや、ライターが企画して取材して執筆した「記事」は、カネを払って読むものではない。「記事」とは、ネットで素人が切り貼りした二次情報、もしくは広告を出している企業がライターに書かせた宣伝まがいのブログやツイートだけになっていくのかもしれない。

そして、そのときに、おまえはどうするのか？

自問しない日はない。自問し続けて、ふと思いついたのが「オルタナ農夫計画」というわけなのだ。それは、野坂昭如《のさかあきゆき》の、古いソノシートを聴いているときのことだった。

ライターを、あきらめるな。食っていけ書いていけ生キ残レ。

ひどい世の中じゃ
怖い世の中じゃ
信じられるのはお米だけ
少年少女生き残れ
お米を信じて生き残れ
女は愛嬌　坊主はお経　お米のことなら農協

（野坂昭如「生キ残レ少年少女」）

第2章 初めての田舎、果てしなき後悔

「なんですか、オルタナ農夫って?」

いぶかしむ文化部長を前に引っ込みがつかず、とうとうと語り出す、出たとこ勝負。曰く……。

ライターでもいい、ミュージシャンでもいいし、画家でも作家でもいい。そういうクリエイティブ系の仕事ばかりではない。就職活動中の大学生でもいい。将来、こんなことがしたい、こういう分野で自己を実現したい、そんなぴっかぴかの思いを胸に抱いている人は少なくはないはずだ。

しかし、ライターなりミュージシャンなり作家なり、自分がこの道で生きていきたいという職業を得た人は、あるいはその職業であり続けることができている人は、極めてまれ、恵まれた僥倖《ぎょうこう》を生きた人と言わなければならない。

夢は夢。現実社会は、そうはできていない。みな、いやな仕事でも、歯を食いしばって生きていかなければならない――。

同意する。ある部分までは、そのとおりだ。人生とは、現実と自分と、折り合いを付けていくことの連続だ。

しかし、年収二〇〇万から三〇〇万ぐらいで、サービス残業が月に百時間、そんなところで働いて、「付加価値が付けられない人間は、年収一〇〇万で仕方ない」とまで言われ、それでもせっかくつかんだ正社員の地位は手放せない手放したくないと、かじりつく。いまを生きる選択肢って、その程度のものしかないのか？

竹中平蔵の〝脅迫〟

小泉純一郎《こいずみじゅんいちろう》内閣で金融担当大臣になった竹中平蔵《たけなかへいぞう》氏が、二〇〇〇年四月、みせかけの好景気で少し浮かれていたころに出してベストセラーになった本に『経済ってそういうことだったのか会議』（佐藤雅彦氏との共著）がある。そのなかで竹中氏は、経済成長がなければだめなんだ、人は生きられないのだと、繰り返し強調している。

「江戸の社会は大変な社会だった。循環型社会だったんですが、それはすごくシンドイ社会だったとも言えます。とにかくその社会では、私たちが生きる糧は太陽からしか来ない。太陽の恵みです。森林量が前年より太陽の恵みで何％か増えた。その増えた分だけで食っていく。（略）こうやって生活している集団ってすごく美しいんですね。

でもその一方で、この量でしか生きられないから人間を間引くわけです。その意味で循環型社会ってすごく怖い社会だと思うんです。」

間引かれたくなかったら、成長しろ。経済成長が、人の生きる条件だ。まあ、そんなところだろう。

わたしが大学を卒業し、社会に出て職を得たのは、一九八七年。就職活動はその前年。プラザ合意による円高不況で、就活はそれなりに厳しく、例の、人格を否定される気分になる面接で落とされまくった。落とされるならまだいいほうで、面接を受けさせてくれない企業も多かった。

しかし、それも五月から始めて九月には終わった。約半年。

いま、自分は大学生になって就職活動をする自信は、ない。大学生は、いったいいつから就職活動の準備を始めるのか。必死になって、就活マニュアルを読みこんで、自己分析し、エントリーシートを書きまくり、何十社にも送り、マニュアルに沿った志望動機を、自己アピールを〝創作〟する。

二〇一四年の秋、北海道大学の男子学生が、ＩＳ（イスラム国）へ参加するため、シリアへ渡航しようとしていたことが大きく報じられた。

男子学生は渡航の目的に「別のフィクションに身を投じたかった」という趣旨の話をしていたらしい。学生の相談に乗ったイスラム法学者の中田《なかた》考《こう》氏はインタビューに「日本にいて何かいいことがあるだろうか。毎年三万人も死んでいくような国。自殺するよりまし。『イスラム国』へ行けば、本当に貧しいが食べてはいける」と語った。

就活なんてフィクションだ

大学生にとって身近で現実的な就職活動も、しょせんフィクションなのだ。「あなたの夢は？」「ほかの人にできない、あなたにできることは？」と問われて、フィクションでなく答えられる若者が、いるだろうか。エントリーシートの書き方を、面接での答え方をマニュアル本を何冊も読んで死ぬほど暗記し、答えるのみ。それが、フィクション＝虚構でなくてなんだろうか。

かつての日本の労働市場は、もう少し選択肢の多い社会だった。選択肢が多いとは、すなわち、豊かな社会だった。

二〇一一年に入ってからの急激な円高で、日本の輸出産業は生産拠点を海外に移動させる動きを加速させた。俗にいう「産業の空洞化」で、これは先進国ならどこでも起こっている事態だ。ブルーカラーの雇用激減は、それよりもずっと前。一九九〇年代の初頭から続いている構造的な潮流。公共事業による建設業などの雇用も、小泉純一郎首相の構造改革以来、受け皿はしぼんでいる。

第三次産業への人口大移動が続いているわけだ。そのうえ、個人の自営業は減り続けている。と、いうことは、「大規模」な「サービス業」に、若者は仕事を求めざるを得ない。選択肢の狭まった、ちょっと困った状況になってきている。

加えて単純なサービス業ならば、通信費の安くなったいま、人件費の安いインドや中国へアウトソーシングすることも可能だし、今後もその流れは加速するだろう。

これからの日本では、いやでもおうでも、大多数の労働者は、大規模かつ複雑な知的サービス産業に従事しなければならない。大規模で複雑な知的サービスにおいて求められるものとは、なにか。それは、「高度な対人折衝能力」であるということだ。

メーカーであろうと金融であろうとメディアであろうとITだろうと、業種は関係ない。人と人とが接することで付加価値を生む業態に従事しなければ、わたし同様、大多数の凡人は、おまんまを食っていけないのだ。

人と接しなくてもある程度やっていける業種が、猛烈に減っている、選択肢なき社会になっているのだ。

コミュ力万能社会のユーウツ

いまは、「コミュ力」万能の社会だ。学校でも社会でも、場の空気を読んで、異質なことは言わず、同化する。同調圧力が異様に高まっている社会が、現代の日本だ。それというのも、初対面の顧客とうまくやっていくコミュニケーション能力が高くなければつとまらない(というか、つとまらないと信じられている)職業しか、もはや残されていないからなのだ。

このことを逆から言えば、いままでの第一次産業、第二次産業の特質は、過大な「コミュ力」を必要とされない点にあったということだ。

近代以前の日本はどうだったか。自分でものちに知るのだが、田んぼは、基本的に、人を飢えさせない力がある。少しの投資で、毎年、かなりの確度で、大量の生産物を返してくれる。太っ腹である。

であるからして、村落共同体は、村の自治を最大限、重視した。田仕事は、家々で勝手にやっていては効率も悪い。村の決まりで、水の管理、害獣の駆逐《くちく》をし、共同で田を植え、収穫した。

よほどの天災でもない限り、大飢饉《ききん》というものはない。だから、昔のムラ社会では、食いっぱぐれを出すのを嫌った。村の恥であるから。孤児や寡婦《かふ》でも、食っていけるように仕事を作り出したし、村には一人や二人、やくざ者というかはぐれ者もいて、田仕事もしないでのんべんだらり、まあしかし、村落共同体に属している限りにおいては、飢え死にさせることもない。「泳げない者は沈めばいい」という社会ではない。懐の深さがあった。

農業・林業・漁業には、過大なコミュ力は求められない。口を動かすより体を動かせ、の世界だ。ただし、そうした村落共同体は、共同体に帰順し、所属しているという意識がなければならないのであるから、当然だが、同調圧力の強い社会となる。ムラ社会である。冠婚葬祭だけではない。たとえば選挙になれば、応援している自民党の代議士先生を、村を挙げて支えなければならない。「このあいだは農道も通ったべ。おめえのとこも、家族全員で一票ずつ、頼むだ」の世界である。

そうして、そんな「ムラ社会の前近代性」を批判してきたのが、朝日新聞を始めとするリベラルなマスメディアだった、ともいえる。都会者の上から目線。

村落共同体は、ムラ社会の調和が第一。一方で、そんなムラ社会の息苦しさに嫌気がさして出てきたはずの大都会でも、空気はさして変わらなかった。いや、むしろ悪くなっている。「グローバリゼーション」といえばなんでもあり、資本家のやりたいままに、低賃金で、より解雇しやすく、付加価値を高められないなら低賃金で当然という洗脳に骨の髄までやられ、職場はコミュ力がなにより大事と、浮かないように「空気」なるものを読みまくる。

同調圧力の強い社会ということでは、都会も村落ももはやどちらもおんなじなのだ。

オルタナ農夫とはなにか

では、オルタナ農夫はどう生きるのか。

オルタナティブな農夫とは、もちろん、オルタナティブロックからつくったわたしの造語だ。ここでいう「オルタナティブ（alternative）」とは、字義どおり、もうひとつの、メインストリームとはまた別の、というほどの意味である。「選択肢」のことだ。

たまたま、周縁・境界にいるだけで、そのことじたいに意味があったり、周縁にいることが目的化しているわけでもない。言わば、周縁にいることが、気にならないだけ。

わたしは一九九〇年代後半、日本のオルタナティブミュージックに魂を奪われていた。年間三百本ぐらい、いそいそとライブハウスに身を運び、ステージを観まくっていた。デビュー作である『リアルロック』なんて本まで書いてしまった。

そして、気づく。これは、音楽の話ではないのではないか？

映画でも、文学でも、アートでも、いつの時代も〈主流〉に対する〈周縁〉は存在した。そして、新しい発想やおもしろい表現は、いつの時代も、そうした周縁／境界／オルタナティブに身を置く表現者から、発せられてきた。ビートルズだってローリング・ストーンズだって、最初はオルタナティブだったのだ。

そうして、それは生活というか、人生そのものについても、同じではないか。それまで「これがふつう」「これこそ幸せ」「これが人間的」と思ってきた価値観、いや、思わされてきた価値観は、じつは唯一絶対ではない。常に、オルタナティブ／もうひとつの価値があって、またそれを実践してきたトリックスターたちだっていたのではないか？

そこで、オルタナ農夫なのである。

プロの農家ではない。大規模経営で農業だけでの生活を目指すわけではもちろん、ない。かといって、いまはやりの、脱サラして有機・無農薬野菜というのでもない。都会の口の肥えた消費者に、かなりな高値で無農薬野菜を売るプロになるのではない。農業で食っていこうなんて、思っていない。

むしろ、わたしの場合、プロのライターでいることが、最重要なのだ。人によっては、プロのミュージシャン、プロの作家、プロの画家、なんでもいいが、「一回しかない自分の人生を、その仕事に投げ込む。自分の命を企投する」と決めたものに、一生しがみつく。しがみついてなおかつ飢え死にしないための、最低限の生活の糧、いわば兵糧米を、自分の手で稼ぐ。できれば最小限の時間と労力で。それが、オルタナ農夫だ。

正社員の地位にしがみついて、ブラックに限りなく近い企業なんかで、したくもない仕事をして、健康も、生きる悦びも、すり減らしていく。忙しすぎて、好きだった音楽も聴かなくなり、本も読まなくなり、映画も芝居も観なくなり、疲れて会社から帰って、見るのはテレビとスマホだけ。なぜなんだ？ それって、突き詰めると、飢え死にするのがこわいから、なんではないか？

白いおまんま食えりゃごちそうだ

逆に言えば、飢え死にさえしなければいいんでしょ？ 人間、米さえありゃ、なかなか飢え死にはしやしない。わたしは、テレビも風呂もエアコンもない相当に貧乏な家庭で育った。ギャンブラーだったろくでもない父親の口癖が、

「白いおまんまに塩かけて食えりゃあ、ごちそうだ」

この親父とは半生を憎みあうことになるのだが、まあそれはともかくとして、この開き直りは、嫌いじゃなかった。白いおまんまに塩かけて食えりゃあ、ごちそうだ――。まったくである。夏目漱石『坑夫』を読んでみろ。明治の肉体労働者は、白米を食えるのは正月ぐらいのものだったんだ。

だから、その白いおまんまを自分でつくってやる。いくら売れないライターであったとしても、おかずとビール代くらいは「本業」で稼ぎましょうよ。好きなことをして、なおかつ

死なないための最低ライン。生活防衛死守線。それが、米の飯。

　生活のメインは、あくまでライター。自分のしたいこと、これをしなければ死んでしまうという、本業は守る。そして、早朝の一時間だけを、生活防衛死守線、つまり、田んぼで働く。それで、男一匹が一年間、食うためだけの米を、確保できないものなのか。

　これって、実現不可能なんだろうか？

　農業がしたいわけじゃない。エコともロハスともスローライフとも、なんの関係もない。新しい生き方、というか、もうひとつの生き方。ブラック化する社会にすりつぶされないで、それでも生きていきたい、生きていける、そういう選択肢を示したい。自分の体を使った、人体実験をしたいんだ！

　と、まあ、部長を前にそのようにぶち上げてしまったわけだ。

「しかしそれは、近藤さんだからできる、いわば新聞記者の体験取材だからできる、特権ではないですか？」

「そんなことはないでしょう。自分がほんとうにしたいことのために、朝一時間の余分な時間も割けないなんて、ただの怠惰《たいだ》でしかないでしょう」

「田んぼはどうするんです？　道具は？」

「だから、それをどう調達するか、実験するんです」

「記者もするんですか？」

「当然です。早朝の一時間以外は、ふつうに新聞記者です。事件取材も役所取材も選挙取材も、ふつうの地方記者と同様にします」

ついでに書いておくが、会社からの「給料」のあるなしは、この試みの趣旨とは、なんの関係もない。人によって、生活に要するカネは違う。ブランド品や外食が「必需」だという人はいるし、それはそれでいい。独身者もいれば、家族持ちもいる。わたしは、ブランド品も高価な外食も必要ないが、家族に身体障害者がいて、扶養していた。父親がギャンブラーで家までとられたから、借銭の尻ぬぐいをし、父母の生活費も面倒みていた。そうした個々の事情はさておき、どうしてもしたい仕事、わたしの場合は書くこと＝ライターであるのだが、食うためにそうした天職をあきらめるのか。したくもない別の仕事につかなければならないのか、ということを問題にしている。

醜い自己意識の塊

最初は半信半疑、というより、まったく信じていなかった上司の部長も、だんだん口調が変わってきた。

「ふうん。おもしろそうではありますねぇ。で、成算はあるんですか？」

「あります」

うそである。そんなもん、あるわけがない。

なにしろこちとら、生まれも育ちも東京・渋谷。土いじりなどしたこともなく、また、したいと思ったことさえない。父も祖父も同じく渋谷。よくある小学校の体験授業で、田んぼに足を突っ込んだ経験さえない。

「そこまで言うのなら、わたしも真剣に動いてみますかね」

部長氏、そう言って席を立った。春の悪夢の、始まりであった。

人はみな、自己評価が高い。

部長面接が、二〇一三年も押し迫った年の暮れ。そうは言っても、この時点では、まさか本気でわたしを異動させるとは、思っていなかった。おれをだれだと思ってるんだ？　おれは近藤康太郎だぞ。

「東京本社があなたを手放すわけないでしょ。そんなこと知っているのに。なに拗《す》ねてるんですか？　なにが、不満なんですか？」

ありていにいえば、そうやって話を差し戻してくると、なかば本気で信じていたのである。

醜《みにく》く肥大した自己意識。

書いていて憂鬱《ゆううつ》になるが、事実だから仕方がない。まあしかし、わたしの場合は極端にしても、組織で働くものは、多かれ少なかれ、自己承認欲求のとりことなっているのである。

冗談から万事休す

年が明け、しばらくすると、身辺がざわつき始めた。「うわさで聞いたんだけど……」と寄ってくる知人も出てくるようになった。じきに、部長に電話で通告される。

「近藤さん、例の話ですがね、流れは、きわめて力強くなってきました。ご希望の方向で進められる可能性が高い。ついては、もう少しくわしい企画書を出してください」

え？　本気か？　しゃれが通じないのか？　おれが百姓？　できるわけねえだろ？

しかし、人事に流れができたら押しとどめるすべはない。ついに、一月上旬、長崎県の諫《いさ》早《はや》支局に異動と、内々定になってしまった。

わたしの勤める新聞社は、各都道府県の県庁所在地に「総局」があって、総局長以下、デスクや記者が十人ほど勤めている。

わたしの赴《おもむ》くのは「支局」。県庁所在地ではない。昔は通信局と呼ばれ、それこそ、交番の駐在所みたいだった。一軒家に年配の記者と家族とが住み、記者が外に取材に出ているときは、奥さんが電話番をして、家族ぐるみで仕事をする。

万事休した。いまさら「しゃれでした」と言えるわけもない。引っ込みがつかない。

米を作るのなら、田んぼがなければ話にならない。耕作放棄地は全国で増えているらしいから、その放棄地とやらを借りればいいんじゃね？　軽く思っていた。

無知とは恐ろしいものである。田舎の過疎地で、都会からの移住者を呼び込む空き家情報サイトはある。しかし、「全国耕作放棄地情報」なんてサイトは、どこにもない。後継者不足に悩む農家と、都市住民を結ぶ農活サイト、なんて、聞いたこともない。

だいたい、耕作放棄で悩む農家というのは、地方に住んでいるのだ。高齢者なのだ。

「耕作放棄地あり。作り手求む」なんてサイトを、だれが作るもんか。

それに、耕作放棄地ならどこでもいいというわけじゃない。わたしは、社命で諫早支局に赴くのだ。そして、オルタナ農夫の眼目は、ライター仕事をしつつ、朝一時間だけの労働で、男一年分の主食である米を手に入れること。あくまでライター仕事が「主」で、農夫は「従」なのだ。まさか、支局から車で半日なんてところに田んぼを借りて、そこへ通勤なんていくまいよ。

耕作放棄地はどこにある

諫早はまったく土地勘のないところだ。九州には、そりゃ出張や旅行で訪れたことはあるが、長く滞在したことなんてない。ましてや、諫早なんて、訪れたことも通り過ぎたこともない。

わたしがやろうとしているのは、そんな未知の土地に突然訪れ、支局の近くに耕作放棄地を探し出し、さらには、ど素人で農業のことなどなにも知らぬ都会もんに、一から田んぼ作りを教えてくれる農家の指導者を捜し出すこと……。

とんでもなくど厚かましい、手前勝手なミッションなのだ。

まだある。最も重要なこと。これはあとで知ったのだが、わたしの計画——小規模な田んぼを農家から借りて、自分が食べる分だけの小規模な耕作をする——その行為じたいが、違法とは言わないまでも、限りなく「ヤミ」に近い行為なのだ。公の場であまり大々的には言っちゃいけないことなのだ。

この国にはちゃんと「農地法」というものがある。狭い国土で多くの人口を養うために、農地は有効利用しよう、そのために農家の地位の安定を図ろう、という趣旨で制定された。この法律によれば、農地を売買したり貸借したりする場合、自治体の農業委員会または都道府県知事の許可が必要だ。勝手に貸し借りしてはいけないという建前になっている。そして、農業委員会が許可をしない場合も原則的に定められていて、あまりに小規模な農地の売買や賃貸はできない。北海道を除く都府県では、五十アール未満の農地は、原則として、賃貸も売買もできない。五十アールって、アメリカンフットボールのグラウンドを少し小さくした程度。そんな面積の田んぼ、どうやって朝一時間だけで耕せっていうんだ。正攻法では、とても無理なのだ。

そもそも、耕作放棄地とは、なんなのか。

正確には「耕作放棄地等の遊休農地」という。「過去一年以上作物を栽培せず、数年の間に再び耕作するはっきりした考えのない土地」を指す。

一九七五年の耕作放棄地は十三万一千ヘクタールだったが、二〇〇五年には三十八万六千ヘクタールと、ほぼ三倍になった。これは、埼玉県全域の面積よりも広い。さらに、年々増え続けている。

なぜ、放置されているか。

「高齢化、労働力不足」が第一の理由で、続いて「農作物価格の低迷」が続く。

もともと、米や麦などは、農家の生産した全量を政府が買い入れ、輸出入を統制して管理する、特殊な商品だった。戦争中の一九四二（昭和十七）年に制定された食糧管理法によって、決められた。戦争によって食糧事情が悪化した状況のもと、米は国が配給制度で国民に分配する、それこそ命綱だった。

戦後の復興期、農民の必死の努力で、徐々に米の生産は増大する。その一方で、今度は国民の食糧消費が多様化し、昭和四十年代以降は米の消費が停滞し始めた。

そこで、米の生産調整（いわゆる減反）が一九七一年から本格的に実施されるようになった。国家の政策として「米を作るな」と言い続けてきた。言ってみれば耕作放棄を奨励してきたのだから、いま、全国で耕作放棄地があふれているのは、当然の話だ。

だから、昔のように、米作りだけで食べていける農家は、よほどの大平野で、機械化して、廉価《れんか》に米を収穫できるようにシステム化しているところか、あるいはブランド米の〝起業〟に成功し、多少高くてもいいから安全で味のいいものを求める、都会の裕福な消費者に訴えかけるイメージ戦略に成功したものに限られている。

日本は瑞穂の国ではない

ついでながら、じつは、日本は瑞穂《みずほ》の国ではない。日本の国土が稲作に適しているというのは、美しい神話だ。植物としての稲を、いわば「工業製品」として、廉価に、大量に、効率的に栽培しようと思ったら、日本の風土が最適というわけでは決してない。もちろん水田である以上、豊富な水が必要不可欠ではあるが、灌漑《かんがい》さえしっかりして水を適正に供給できるのであれば、むしろアメリカのカリフォルニアやエジプトのような、かんかん照りに日照の多い、乾燥している大平野のほうが、水田には適している。日本のように、山ばかりで、斜面に段々の棚田を作っているのは、自然災害に対する保水として意味は大きいが、商品としての米という意味では、価格競争に勝てるわけがない。

田んぼは、耕作を数年間も放棄していると、あっというまに荒れ地に変わる。土は流れだし、雑草は伸び放題で害虫は出るし、粗大ゴミの不法投棄場ともなる。だから農家も、できれば、だれでもいい、米でもなんでも作ってほしいのだ。

いまは農家の後継者不足のため、自治体や農協で新規就農を勧誘しているところも珍しくない。田畑を耕してくれるだけで、補助金を出すところさえある。そういう意味で、「プロ」として農家を目指す都会人には、選択肢はある。

忘れちゃいけない、わたしがやろうとしているのは、プロの農家じゃない。いや、プロになっちゃおしまいだ。敗北なのである。

あくまでプロのライターで居続けるために、主食である米を作ろうというのだ。だから最大でも一日一時間。早朝の時間帯だけ田んぼに立つ。

それはつまり、農協や自治体の協力を頼むこともできない、ということを意味する。

ポルシェを衝動買い

二月。春の人事異動が正式に発表されると、わたしはちょっとした話題の主になっていた。親しい友人や先輩が、にやにやしながら近づいてくる。

「おまえ、諫早だって？　なにやったんだ？　カネか？　女か？　暴力か？　その全部か？　まさかクスリじゃないんだろ？」

「春の人事でいちばんのサプライズ」みたいな冷やかしメールが山ほどきた。

三月。社内や社外の送別会の嵐が始まった。夜だけでは処理しきれず、すぐに昼夜のダブルヘッダーに。中旬からは、昼夕夜のトリプルヘッダーの送別会。まるで今生の別れ。出征兵士である。

「近藤さん、ほんとに希望したの？　なにしに行くわけ？」

みなに聞かれるが、答えられるわけがない。田んぼや、指導してくれる農家を、どうやって見つけるか。この期に及んでまったくめどは立ってない。思いつきで言った企画が本気にとられ、引っ込みがつかなくなっている間抜け野郎が自分だ。

肝心の企画の成算はまったくないのに、地方記者としてのなかなかに厳しい現実だけは、リアルに迫ってくる。

「近藤さん、地方はみんな、自家用車で取材ですよ。車、運転できるんですか？」

「そりゃ、できるよ」

「あんたのことだから、ど派手な車でも買おうと思っているんでしょ。だめですよ」

「なんでさ。決まりでもあんの？」

「いまはね、新聞記者を見る世間の目は、たいへん厳しいんですよ。地味な車にしてください。軽自動車でいいんですから。そうだ、ダイハツミラにしてください」

「軽自動車なんて、体入りゃしないよ」

「あとね、いま着ている、そのど派手なシャツもやめてください。衣料品のしまむらにでも行ってね、地味なジャケット買ってください」

送別会では、こんなことばかり言われる。あまりにしつこく言われるので、あながち冗談とも思えなくなってくる。

ある日、また上司がにやにやしながら近づいてきて「車、なににするのか、決めたんですか?」と問われ、ぶち切れて衝動的に決心してしまった。

そのまま会社を出た足で、自分の家にいちばん近い、中古の外車ディーラーに向かった。

「あの、ポルシェください」

「……。ポルシェと言っても、いろいろありますが?」

「ポルシェの、オープンカーください」

「……。いまうちにあるオープンは、これだけなんですが」

指し示された車は、座席が二つしかない。ツーシーター。名前も知らない。車なんて、興味ないのだ。落ち込んだ気分を上げていくための強壮剤。唯一知っている外車の名前を挙げただけ。

「これください」

「あの、ご試乗は?」

「いいです。運転、好きじゃないんで。包んでください」

やけになっていたのである。

車なんて、かれこれ二十年も所有していない。だったら、多少のぜいたくも許されるだろう。

それに、勘違いしちゃいけない。田舎に引っ込んで、シフトダウンしたスローライフを楽しもうってわけじゃないんだ。死ぬまで、トップギアなんだ。スピードアップしていくんだ。田舎に合わせてたまるもんか。ポルシェで田んぼに通ってやる。そういう農夫もありなんだ。派手なシャツだって変えるつもりはない。このまま田んぼに立ってやる。スタイルは、変えないんだ。農夫らしくなんて、なるもんか。スタイルを変えることなく、ライターもあきらめることなく、それでも生きてやるんだ。そうやって生きる選択肢があったって、いいはずなんだ。

つまり、やけになっていたのである。

どうにでもなれと、さあ殺せと
言ったのは　どこのどなた様
勝手にしやがれと　つばを吐いて
踊ってたのは　このおれ様だ
（頭脳警察「やけっぱちのルンバ」）

第3章 まぬけ農夫一年坊、「師匠」を発見する

心の広い大奥様との出会い
よかよ。えらかねぇ
どうぞ作って
くんしゃい
派手なシャツ、大柄な体のアロハ記者
生き案山子
カラスやイノシシよけの役割も果たしそうです

三月末。まだまだ寒さ厳しいころ。

生まれて初めて、長崎県諫早市にやってきた。

出張に行く途中だという長崎の総局長とは、長崎空港で落ちあい、あいさつした。その足で、長崎市の中心部にある総局へ出向き、そこのデスク（次長）にあいさつする。

総局長もデスクも、もはやわたしより年下だ。

異動が発表になってから、連日の送別会の嵐となった。ある先輩との送別会では、

「まあ、今回の異動で最大の被害者は、長崎総局長だな」

そう、笑われた。そりゃそうである。上司にしてみれば、使い勝手がよくて、腰の軽い若手記者こそウエルカムなんである。五十歳を過ぎた記者、悪目立ちしているライターなど、

欲しいわけがない。どう使っていいか、分からないだろう。

一カ月以上続いた送別会の嵐で、昼夕夜と酒づけ。本来ならしっかりと準備をしておかなければならないが、諫早の下調べどころではなくなった。

トリプルヘッダーの送別会も数週間続き、引っ越し準備も重なり、そのうえ、置き土産で東京に残していかなきゃならない原稿も容赦《ようしゃ》なく発注されたりもして、死ぬほど忙しい。百姓仕事のことなど考えられない三月が、無為に過ぎていた。

青くさい決意で

気ばかり焦った。田んぼがうまく借りられず、県版の記事しか書けずに一年が過ぎたらどうしよう。青い話だが、退社を考えていた。口だけはでかいことをいって、ついに企画がものにならなかったとしたら、どのつらさげて、この会社にいられよう。

自分で自分を追い込んでいた。

総局での、なんともぎこちないあいさつを済ませ、諫早の駅に着いたのは、もう午後も遅い時間だった。前任の支局長との引き継ぎがある。支局が入ってるマンションの一室に、前任の支局長R氏が招き入れてくれた。夜、場を酒席に移してのこと。

「僕はね、この地が気に入ってましてね。自分では、まだまだここにいたいと思っていたんですよ。で、二年たったらもう転勤だっていうじゃない。総局長に聞いたんですよ、おれの後任、だれなのって。そしたら、『東京・文化の近藤』っていうんだよ。

〈それって、近藤康太郎？〉
〈そう。〉
〈……なにやらかしたの？〉
〈知らない。〉

それでね、それから僕は、毎週、水曜日になると、週刊新潮、週刊文春の新聞広告をなめるように見てたのよ。きっと、朝日の社長の顔写真が載っているはずってさ。なにか不祥事でもやって、ここに来たんじゃないかなあ、ぎゃははは」

豪快にそう笑う。つられて自分も笑う。

笑っている場合じゃない。

噂どおりのさびれっぷり

「ところで、ですね」

地元事情に詳しそうなR氏に、初めて自分の心づもりを打ち明けた。まったくのど素人が、田んぼを借りて、自分一人の力で、早朝一時間だけの作業で、自分一人が一年食う米を収穫したい。

「そうねえ……。まあ、ここには農業高校だってあるんだし、なんとか探せるでしょ。さあ、飲みなさいよ」

あくまで豪快なR氏と、しょんぼり杯を重ねた。

本明川《ほんみょうがわ》という、諫早の象徴のような大きな川の近く、路地裏の居酒屋だった。真っ暗な路地に、ぽつんと赤提灯《あかちょうちん》がぶら下がっていた。周りに、ほかに店などない。タヌキがやってる店じゃないか。噂《うわさ》には聞いていたが、地方のさびれ具合を初めて知る。

先行きへの不安で、好きなビールも味などしない。勘定をすませて、しょぼくれたビジネスホテルに帰った。釣り銭は、木の葉になっていた……。

主観的には、まあ、そんな感じの出だしであった。

ところがどうして。このR氏が、とてつもない当たりくじを引っ張ってきてくれた。

R氏がふと思い出したことには、長崎総局で働いているアルバイトのお嬢さんが、農家に嫁入りしているらしい。総局の会合で、「家でとれた米で作ったおにぎり」を差し入れてくれたことがあったという。

四月一日、正式に赴任して早々、長崎市の総局を訪れ、くだんの女性アルバイトのトモコさんに声をかけた。おうちが農家をされているって、ほんとうですか？

トモコさんが言うには、嫁に入った先の家で、義理の父親が米を作っているのだとか。

いやもう、この際、米を作っている人に、話を聞けるだけで構わない。もう四月に入った。今年の収穫を目指すなら、もはや時間はあまり残されていない。

お義父《とう》さんに、会うだけでも会わせてくれないか？　農家修業をするわけではない、朝一時間だけ、自分一人だけの食いっぷちを得るためだけの、田んぼを借りたい——。

トモコさんもいまひとつ、わたしの言っていることが飲み込めないようだった。そりゃそうである。だれも、やっていないんである。

「自分の父だったら、わがままも言えるんですが……」

なんとなく乗り気でないトモコさんに、それでもすがるように頼み込み、農家を訪れる日取りだけは、近日中に決めてもらうよう、約束した。ここを突破口にするしかない。

なにしろ、九州にも長崎県にも諫早市にも、親類縁者、地縁血縁、なにひとつない。逆に言えば、そういう、縁もゆかりもない場所、「自分をリセットできる場所」ということで、わざわざ希望して、遠隔の地まで飛んできたのでもあった。すべて、自分でまいた種。

旧田結村（現・飯盛）にやってきた

四月四日。

忘れもしない日。トモコさんの義理のお父さんを訪ねる約束がとれた。すべては、最初の一撃で、決まる。

向かう場所は、諫早市のはずれ、旧田結村《たゆいむら》という集落。

個人宅の名前まで載っている住宅地図を片手に、家へ向かう。しかし農村部では、この住宅地図さえ使えない。道が細くて目印もない。とても地図だけではたどりつけない。周囲の人にたずねないと、家など分からないが、そもそも道に人が歩いていない。

三十分でつく道を、一時間半かけてたどりついたのが、車一台通るのがぎりぎりの狭い道を下った、農家の一軒家。

通された食堂のテーブルで向かい合った男性は、小柄ながら筋肉のついた堅肉《かたじし》。顔も腕も、赤銅色に日焼けしている。年はいくつなのだろうか、見当もつかない。わたしより若いはずもないが、五十代といっても十分通る、色つやのよさだった。

びびっていたって話は進まない。正直に窮状《きゅうじょう》を訴えるしかない。

自分は東京・渋谷生まれで、土いじりなんて生まれてこのかた、したこともない。しかし、この地で、米を作りたい。ただし、プロの生産農家になるつもりはない。男一人が一年食っていけるだけの米を、自分で作りたい。ほかにライター仕事もするので、早朝の一時間で、一日の仕事は切り上げたい。そのための、田んぼを探している。なにしろど素人、できれば、教えてくれる農家の方もいたならば、こんなにうれしいことはない……。

「師匠」誕生

「プロになる気はない」だなんて、考えてみれば無礼きわまりない、「米作りをなめてんのか？」といわれかねない、手前勝手な申し出ではある。

そもそも、なぜそんなことをするのか？　ブラック企業がどうした、資本主義がなにした……、そんなごたくを並べてみたところで、絶対に通じないだろう。いかにも武骨な農家の親父さんを前にして、そう確信する。作戦変更。余計なことは、もはや言うまい。

わたしの身勝手なもくろみを黙って聞くこと、約三十分。ようやっと重い口を開いた。

「それで、どんだけ耕すと?」

「男一人一年分ですから、一反ぐらい?」

テキトー言っている。田んぼの単位を、「反」しか知らないから。だいたい、一反がどれくらいの広さになるのかさえも、知らない。準備不足にもほどがある。

「いらんいらん。まあ、二畝《ふたせ》もあれば十分たい」

お義父さんが、初めてうっすら笑った。

自身も、いまは引退して、家族、親戚が食べるだけの米を、毎年作っているのだという。それがだいたい一反強。子供も含めて六~七人で、これで十分だという。一反は十畝になる。だから、一反の五分の一、二畝もあれば、大人が一人、一年間食べる分には足りる。

「ここらは山がちで、棚田じゃけねえ。ちょうどいい広さのところはありよる。何年前やったか、イノシシが入らんようしたごたる柵も、ちょうど作りよったばいね。そこらん山に、いっぱいおるとよ。イノシシが入ると、もう、臭くて、米なんか食われんようになるけんが」

諫早弁がきつくて、ところどころ分からないが、要するに、ちょうどいい大きさの田んぼは空いていて、イノシシ対策もしてあるから、なんとか素人でもできるんじゃないか、その候補地はある、ということか。

「貸してくれる農家さん、いますかね?」

緊張しっぱなしだった自分の顔が、おそらく、少し輝いていたのだろう。

「新聞記者はずうずうしいけんね」

「教えてくれる方も、近くにいらっしゃれば、すごく助かるんですが」

「教えるぐらいなら、おいがしてやってもよかよ。けんど、いつまで続くばいねえ」

半笑いして、腰を上げた。

「師匠」の誕生だった。こうなりゃもう、なにがあってもつかんで離さない。

大奥様と出会う

師匠に連れられて、近所の大きな家に歩いていく。

「あんたのいう大きさに、ぴったりの田んぼがあるとよ。おいが、姉さん、呼んでる人が、地主やっけんが。旦那さんがなくなって、もう米ば、作りよらんと」

なんでも、師匠が「姉さん」と呼んで慕《した》っている地主の大奥様のご主人が、三年前に亡くなった。以来、耕作放棄地になっている。

あとで現地を見て分かったが、わたしが借りようとしているところは、山あいにある小さな小さな、絵に描いたような棚田だ。ここを、商売目的で耕したところで、利益を上げるのは無理だ。規模が、小さすぎるのだ。

師匠にくっついて、遠慮《えんりょ》して体を小さくして、ちょこまかついていく。師匠を紹介してくれたトモコさんも、いざというときには口添えしてくれるつもりなのだろう、心配してついてきてくれる。

師匠の家から歩いて数分。大きな家の中庭で、犬とひなたぼっこしているおばあさんがいた。年の頃は七十歳過ぎ、だろうか。地主家の大奥様らしい。師匠が大きな声で、「姉さん、相談があるとね」と声をかける。

「なんな?」

しばらく二人で話をしている。大奥様がちらっと、わたしのほうを見る。わたしはといえば、そばで耳をそばだてているのだが、二人の会話がまったく分からない。地方の、とくにお年寄り同士がしゃべっていると、よそ者に対する遠慮がないから、方言全開になって、聞き取りはほとんど不可能になる。

しゃべっていることは分からないのだが、しばらくすると、大奥様が「よかよか」と大きな声で笑っている。どうやら、許してもらえたらしい。思わずかけよって深々頭を下げ、「ありがとうございます! ありがとうございます!」と連呼していた。

「よかよ。えらかねえ。どうぞ、作ってくんしゃい」

師匠が「上げ米はどないする?」と聞くと、大奥様はまた「よかよか」と手を振る。上げ米とは、おそらく上納米? 年貢? まあ、使用料がわりの米のことなのだろう。そして、今度の「よか」は、「いらないよ」の意味なのだろう。

「田は、上のほうがなんぼかましやろ」

いくつかある田んぼのうち、山の際に近いほうの棚田を貸してくれるのだという。

「図々しい」といわれても

　心配していたのが馬鹿みたい。あっけないほどうまくいった。だが、これは、わたしが一人で大奥様のところに現れて、事情を説明し、たとえば「使用料をこれこれお払いする」と言ったところで、話はまとまらなかっただろう。派手なシャツ姿の都会者が来て、仮に賃料を払うといったって、いったいなにをやらかすつもりなのか分からない。水や、肥料や、農薬や、村の調和を乱されたら地主家もたまらない。

　田舎は、人脈がすべてなのだ。

　師匠と一緒に、借りられる田んぼを見にいった。二畝、というのはこんなにも小さいか。これで、男一人が一年食うだけの米って、できるのかな？　というのが第一印象だった。

「小さいですね？」

　師匠に聞く。

「ああ、小《こま》かかよ。そいじゃけん、トラクターは入らんもんねえ。テーラーでやるしか、なかとねえ。農協で、リースしてくれるかも分からんが。どっかから、借りて来んばやね。あと、田植え機と、虫駆除のミストと……。あんた、機械はどうすっと？」

　トラクターの名前は聞いたことがあるくらいで、テーラーだのミストだの、なんのこっちゃい。さっぱり分からない。

「機械は、買うと高いし……。人力ではできないですか？　体力はあるつもりなんですが」

「ふふふ。まあええよ。機械はおいんとこにもあるけんが」

「貸してもらえますか？」

「新聞記者は、図々しいけん。まあ、いつまで続くばいねえ」

同じフレーズのリフレイン。師匠が半笑いしている。

この日が金曜日の昼だった。土日を挟《はさ》んで、月曜の朝八時。ここで待ち合わせ。まずは草刈りからだ。それまでに用意しておく最低限の道具を、師匠に指示されて、その日は別れた。

いよいよ、農夫デビューだ。

新規就農できる人の条件

ベストセラーの『里山資本主義』で知られる藻谷浩介《もたにこうすけ》氏が、農業関係者と対談した本に『しなやかな日本列島のつくりかた』がある。その中で、『日本農業への正しい絶望法』の著者、神門善久《ごうどよしひさ》氏とも対談している。なかなか興味深いので、一部、引いてみる。

神門氏は、「新規就農者の支援もしている」といい、「この人は支援できるかどうかを見極める」際にはいくつか条件があるという。それは、こんな感じ。

・肉体的な強靭《きょうじん》さ
・動植物の声が聞けること、かつ科学的な思考ができること
・あいさつができる、つまり周りの人とのコミュニケーションがとれること

自分に当てはめた場合、どうだろう。肉体は、まあ、強靭というほどではないが、スポーツ好きなので、筋トレやらサーフィンやら自転車やらと、下手の横好きでかじってはいる。でも、その程度だ。四十歳過ぎて格闘技も始め、若者と乱取りして、案の定、右肩の靭帯を切られてしまった。つまり、たいしたことはない。

「動植物の声が聞ける」とは、自然に親しんでいるとか、自然への感度が高いとか、そういう意味あいだろう。この部分は、零点だ。書いたように、東京・渋谷生まれの渋谷育ち。大都会以外で生活したことはない。三年以上住んでいたのは、東京とニューヨークだけ。いばっているんじゃない。ある意味かわいそうな、貧しい人生だったということだ。

「あいさつができる」とは、つまり、コミュニケーションをとれる、周囲と協調できる、ということだろう。この条項でも、落第する自信が大いにある。

そりゃあ、曲がりなりにも新聞記者としても三十年近く生きてきたのだから、あいさつぐらいはできる。できないでどうするんだ。

しかし、記者、というか、ライターは、周囲との協調性がなくたって生きていける、数少ない職種ではないかと思ってもいる。不遜ないい方になるが、協調性がなくたって、腕さえよければ、書くものがおもしろければ、発注原稿は自然と入ってくるものだ。

というよりかは、自分はそういう方針でいままでやってきた。記者仲間で群れたり、だべったり、一緒に飲みにいったりするのが、嫌い。

孤高気取りで生きていく

不思議に思うかもしれないが、新聞記者、とくに文化部などという部署は、つるむ記者が多いのだ。

昔の話になるが、美術担当の重鎮記者がいて、彼の周りには、美術記者志望の中堅、若手記者が群れをなしていた。その重鎮氏はいつも夜遅くまで会社にいて、うまくもない社員食堂で（タダの）夜食をとるのだが、取り巻き連もいつも一緒。昼の部内でも近くの席に座って打ち合わせかなんかしているのに、夜中まで、いったいなにを話すことがあるのか？

これを「孤高気取り」と言いたければ言ってもらって構わない。だが、自分が「かっこ悪い」と思ったことはできないし、しない。

自分が「かっこ悪い」と思う振る舞いは、断じてしない。笑わば笑え。どうせ気炎だ。しかし、見得の切りついでにもうひと言。自分の「美学」は譲らない。ここを意識していないと、なんのための「朝だけ農夫」なのかということになる。書きたくもない提灯記事を書いたり、仮想敵であるところのグローバル企業の雇われライターに成り下がったりするぐらいなら、ライターとして生きていたって仕方がない。つまらない人間には、決して成り下がりはしない。

先の神門氏も、「新規就農者の支援」をする場合の条件をあげているのだ。わたしは、新規就農者ではない。朝一時間だけのオルタナ農夫だ。

本格派の農業関係者からすれば、おちゃらけた、ふざけた、手前勝手な、調子こいてる言い分かもしれない。だが、何度でも言うが、そうやって生きていく、生き残っていく方法は、あり得ない、まったくペケ、してはいけないことなのか?

いま書いたような意味でのコミュニケーション能力、周囲と協調してうまくやっていく能力は、自分はおそらく、極めて低いと思う。小学・中学校のころからいつも一人だった。

しかし、「あいさつ」はできる。できるようになった。いや、人間は、生きていくためになら、たいていのことはできるようになるのだ。

コンプレックスをうえつけられるな

AERAという雑誌にいたころ、臨時増刊の編集長をしていたことがあった。編集長といっても名ばかりで、その実、雑誌に広告を出してもらえないかと、企業を回るのが仕事だった。英語、時計、ロック、投資など、いろいろな雑誌を作ったが、その、何の脈絡もない業界を新規に回って、広告を取ってくる。

こんなのライターの仕事ではないし、そもそもコミュニケーション能力に難ありなわけだから、死ぬほどいやな仕事だった。胃に穴があくかと思った。しかし、そのときは事情があって、なんとしてもこの臨時増刊の編集長仕事を好成績で切り抜け、晴れてライターの身分に戻らなければならなかったのだ。生きるか死ぬかの問題だったのだ。

広告営業なんて、自分にとってもっとも不向きな、やりたくない仕事であった。しかし、ここを抜けなければ、ライターには戻れないことも分かっていた。だから、やれた。人間、切羽詰まれば、たいていのことはできちゃうようになるのだ。

コミュニケーション能力が不必要だとは言わない。実際問題、人と話し、人に説明し、人に熱意を理解してもらう能力がないと、だめだ。仮にそこが耕作放棄地であったとしても、大事な土地を、どこの馬の骨とも分からないような都会者に貸す農家など、いるはずがない。

それに、農作業にまったくの素人なら、だれか近くのお百姓に教えてもらわなければ、うまくいかない。

しかし同時に、それは、特別な能力ではないし、あまりにそこを強調すると間違う。

だいたい、いまの社会はコミュニケーション能力に過剰に力点を置いている、「コミュ力強迫社会」である。コミュ力、コミュ力と追い立てられて、居場所がなくなっちゃう人、適応できない人、生きにくくなっている人が、一定数、出てきているのも事実。人間社会は、多様な人の集まりだ。人とのコミュニケーションは得意じゃないが、がまん強さが求められる肉体労働や、細かなことに集中できる職人仕事に向いている人もいる。

農業や漁業、林業など第一次産業は、そうした「コミュ力地獄」に耐えられない人の受け皿という側面もあった。口べたな、協調性にかける、偏屈者、異端児を、おおらかに受け入れてくれる、太っ腹な容器であったはずなのだ。ほんとうは。

くだらねえコンプレックスをうえつけられるな。

好きな仕事をあきらめないための、農作業なのだ。あまり、コミュ力、コミュ力言うな。

オルタナ農夫による「おいしい資本主義」は、そんなことを目指すのではない。おいしいところどりするんだ。おいしいとこどり、なにが悪い？　いままでさんざん、国家・企業からおいしいとこどりをされてきたのが、都市の労働者だろう。グローバル企業が跋扈《ばっこ》し、国家は国民を守らず、企業の手下となって振る舞い始めているのが、現代社会だろう。

インチキな世の中にダマされない。自分の生きている人生のこの短い瞬間に、少しでも「貸し」を取り戻すのだ。

つまらない人間には
決して成り下がりはしねえ
くだらねえコンプレックスを
うえつけようったって無理だぜ
うまくダマしたつもりかい？
そんな拙いやり方で
うまくダマしたつもりかい？
もうそんな時代は終わったぜ
ふざけすぎてあきれるぜ
正体はばれてるぜ

（TEARDROPS「うまくダマしたつもりかい？」）

第4章　アロハで農夫デビュー　まずは田起こし

「その格好でやるんか？　ヒャッハッハハ」

師匠が笑っている。まあ、笑ってくれ。似合わないのは、自分がいちばん知っている。

わが愛するニューヨーク・メッツの野球帽の下に、養蜂《ようほう》家がかぶるような白い防虫ネット。派手な花柄アロハシャツに、ゆるキャラみたいな巨大な長靴。サイズ二十九センチ。

理想的な師匠と出会えた幸運
見本を見せてまちがいには自分で気付かせる
時々ほめて伸ばしてくれる
いつまで続くばいねえ
この言葉もプレッシャーを軽くするため？

いよいよ田んぼ作りが始まる。その前に、まずは草刈りだ。草払い機は、師匠が貸してくれることになった。

師匠には、作業着、軍手、長靴、それから、草などの飛散物が目に入らないよう顔を守る「お面」を用意しておくように命じられていた。いまならそれが「ヘル面ガード」と分かるのだが、なにしろど素人。ホームセンターで、養蜂家が使うような布製の白ネットを買ってきてしまった。どこからどうみても、板についていない。一年坊まぬけ農夫の一丁上がりだ。

アロハでなきゃだめなんだ

田んぼ作り顛末記《てんまつき》は、このあと、朝日新聞で半年間にわたって連載することになる。「アロハで田植えしてみました」というタイトルは自分でつけた。

なぜ、「アロハ」で田植えなのか？　アロハじゃなきゃだめなのか？

アロハじゃなきゃだめなわけが、あるわけない。いやむしろ、よくないでしょう。周りの農夫をみても、みな、プロらしいかっこう、地味な色合いの作業着を着ている。

しかし、〈このわたし〉は、アロハで田植えじゃなきゃだめなんだ。つまり、「自分のスタイルを変えない」ということも、この「朝だけ耕」の、重要ポイントでもあるのだ。

わたしは、夏はいつでもアロハで過ごしている。会社に行くときも（あまり行かないが）、政治家や経済人への取材の時も、いつでもアロハ。

別にこだわっているわけではない。アロハシャツのコレクターでも、ない。持っているのはみな安物。なんとなく、数年前からそうなってしまった。中学、高校と、不良周辺にいたので、おしゃれ着としてのアロハではなく、不良のシンボルとしてのアロハにノスタルジーがあったのかもしれない。

アロハはライターとしての自分のワークシャツだった。だったら、それはそのまま、農夫だろうが漁民だろうがマタギだろうが、そのスタイルで通す。

何度も繰り返して確認するのだが、この試みのそもそもの趣旨は、ライターで居続ける、ということだ。自分の好きな稼業にしがみつきつつ、こんな時代を生き残る。筆を折らない。意に沿わないことも書かない。そのための兵糧米を、朝一時間だけの農作業で確保しようということなんだ。

田舎暮らしを始めようと考えるやつは、すぐにエコだロハスだスローライフだ、となる。冗談じゃない。人生五十年、こちとら、ライフがスローだった試しはない。田舎暮らしして百姓やるからって、そう簡単に宗旨変えしてたまるものか。スタイルは崩さない。

スタイルがすべてだ

スタイルなんてどうでもいいと、わたしは考えない。むしろ、スタイルこそすべてだ。〈かっこいい〉というのはふつうに考えているよりずっと重要なファクターで、あだやおろそかにしてはならない、ということなのだ。わたしのアロハが客観的にみてかっこいいかどうか、それはここでは問題ではない。自分にとってかっこよければ、それでいいのだ。

都会でブラックな企業にこき使われて、人生をすり減らしている若者に対して、オルタナティブな生き方、もっと別な生き方もありますよと、曲がりなりにもこれから提示しようとしているわけだ。そのとき、正しい生き方、善き生き方がこっちにありますよ、というのでは、弱いと思うのだ。プラトンは、理想的な世界のあり方を〈真善美〉としたわけだが、これはつまり、正しいこと〈真〉、よきこと〈善〉、だけではだめだということでもある。〈美〉が、決定的に重要なのだ。美、つまり、自分にとってかっこよいこと、楽しいことでなければ、いくら真であったり善であったりしても続かない。楽しくないと、生きていけない。かっこよくなければ、生きている意味がない。

ポルシェで田植え　してみました

わたしのオルタナ農夫計画も、それが「耐乏生活」であったならば、だめだと思っている。ライターだけでは食っていけない。だから我慢して、いやだけれども、泥だらけになって田んぼ仕事をして、食い扶持《ぶち》を稼ぐ。そういう発想ではだめだ。いやいややるなら、都会でブラック企業に勤めてその日の糧を得るのと、大差ないではないか。

安いだけでは、続かない。重要なのは、「楽しい」ということなのだ。

自分基準でいいから、かっこよくなければ、やる意味がないのだ。

だからわたしはアロハを脱がない。田んぼで泥だらけのアロハ姿は、目立つし、笑われるし、嫌われるかもしれない。ムラ社会で、浮いてしまう。ほんとうはホームセンターで、農作業着を買ってきたほうが無難なのかもしれない。しかし、ここは譲らない。こだわる。

こういうことを書くと読者に一挙に引かれるが、アロハで田植え、だけではない。ポルシェで田植え、でもあったのだ。

田んぼには、先にも書いたオープンカーのポルシェで行くつもりだった。

わたしは車なんかに、なんの興味もない。運転も面倒だし、嫌いだ。というか、車に乗っているやつが、そんなに好きではない。とくに都会では、車なんかいらないだろうと思っている。渋谷の実家から築地にある新聞社まで、約十三キロあるが、自転車で通勤していた。そういう意味で、車は敵でもあった。タクシー、トラック、社用車、自家用車……。都会のドライバーは、みな、狂的にいらだっている。

都会の自転車通勤とは、そうした、年中いらついている狂ったドライバーと、命のやりとりをしながら走ることにほかならない。凶暴なクラクションを鳴らされたり、幅寄せされたり。何度、喧嘩になったか知れやしない。車は、敵だ。世の中から消えちまえばいいとさえ、思っていた。

そういうおまえ自身が、ポルシェのオープンカーってか？　恥を知れ！

そう難詰されれば、そのとおりなんだが。

「いま、朝日新聞を見る世間の目は、厳しいんですからね。外車なんかもってのほかですよ。そうだ、ダイハツミラ。買ってください」

地方に飛ぶことが決まり、ダウンしていた自分に、上司はそう告げた。

まあ、そうだよな。地域に受け入れられなきゃ、なにも始まらない。田んぼも借りなきゃならないんだし、教えてくれる農家の人も、探すんだ。そんなとき、自分を押し通して、「かっこ」つけて、どうするんだ。なじまなきゃ、溶け込まなきゃ、自分を変えなきゃ。

気分が、さらに落ち込む。

いや。そんなことでは、だめなんだ。自分のスタイルは変えないんだ。農夫はあくまで手段。目的は、ライター人生をまっとうすること。やんちゃでがらっぱちで少し派手な自分の〈スタイル＝文体〉を変えてしまうくらいなら、田舎暮らしも意味がない。

そう思い直して、やけで買ったポルシェ。中古なら意外に安くて、国産新車を買うより、よほどお値打ちだ。自家用車のない生活を二十年以上も過ごして二酸化炭素を排出してこなかったんだから、京都議定書に照らしても、これくらいのぜいたくは許されていいはずだ。

へっぴり腰のデビュー戦

そんなこんなの、アロハでポルシェ農夫。

師匠に笑われたって、やめるつもりはない間抜けスタイルで、まずは草刈りからだ。

田んぼを二畝借りた。「ふたせ」と読む。一反が十畝で十アールだから、二畝で約二アール。小、中学校にある小さな二十五メートルプール、あれより少し狭い程度。

師匠に貸してもらった草払い機を肩に担ぐ。

最初にエンジンのかけ方を教えてくれる。チョークを引いて、ヒモを強く引っ張る。エンジンがかかると、右手でアクセルを操作して、右から左に、草を払うようにして刈っていく。見た目には簡単そうだが、農機具はどれもそう。楽勝そうに見えて、コツをつかむのは意外に難しい。そのうえ、こちとらなにせ、きわめつきの不器用者ときている。

エンジンをかけ、草の根元に向かってむちゃくちゃに回転刃を押しつけ切りまくるが、ただ切ればいいってもんじゃない。わたしの田んぼの場合、右から左へ草を払っていく。そうしないと一カ所に雑草がまとまらないから。さっそく師匠に怒鳴られる。

普段使わない筋肉を使う。背が高すぎて、腰をかがめるので、すぐ痛くなる。背中をそらせて、腰の筋肉を伸ばしたいんだけど、師匠にじっと見られているから、それもできない。「もう疲れたと？」と馬鹿にされそうで。見えっ張りなんだ。

師匠がよそを向いている瞬間を見計らって、腰を伸ばす。

一時間もしないうちに、二畝の荒れ地は、背の高い草をきれいに刈り取られ、視界が急によくなった。記念すべき、農夫デビュー。なんとか、無事に終了だ。

翌朝も、決められた朝の八時に田んぼに駆けつける。以前から早朝に原稿を書いている夕イプだったから、早起きは苦にはならない。が、めしを食う量が倍になった。七時に家を出る前、どんぶりに大盛りの白米をかっ込んでいかなければ、とてももたない。

熊手で、昨日刈った草を集める。上腕二頭筋を激しく使う。すぐに汗びっしょりになる。

「地球に優しい」わけがない

師匠に言われたとおり、刈り取った雑草は一カ所に山積みにしてまとめた。今日はこのまま乾かして、明日以降、燃やして土に踏み込み、肥料にする。草は、貴重な肥料なのだ。

話はここで三百年以上、飛ぶ。十七世紀の江戸時代、日本の人口は爆発的に増えた。長く続いた戦乱がやみ、農民が農地をがんがん開墾するようになった。

ここで、肥料がきわめて重要になってくる。

江戸時代には各地で刈敷農法が絶頂期を迎え、米の生産量が飛躍的に増えた。刈敷とは、弥生時代からある農法で、田植え前、山から草をとり、水田に踏み込んで肥やしにする。

大量の草を確保するため、山にも手を入れる。温帯で雨の多い日本では、山地にはアカマツなどがすぐに入り込み、森林となってしまう。だから、山を柴山状態に保つために、森林は伐採しなきゃならん。山の姿を強制的に変えてきたわけだ。またそのせいで山は崩れやすくなり、江戸時代には、早くも各地で土砂災害、水害が多発するようになった。

なにが言いたいのかというと、草を利用する自給肥料、一見、「地球に優しい」ようにみえる農業であったとしても、それが人間のなりわいである以上、地球に負荷をかけていることには変わりないのだ。草肥えしか使わないエコな農法も、それを地球規模で全員でやり始めれば、とたんにエコでなくなる。

田で、化学肥料を使うか、一切使わないのか。

考え方は人それぞれだし、また、人それぞれでいいと思っている。要は、農業が〈人のなりわい〉である以上、地球に優しいなんていうのは戯言《ざれごと》。比較問題に過ぎない。

一カ所に集めた草を、一日乾かし、燃やす。まだ生乾きの草もあるが、強力ガスバーナーで焼き焦がす。三十分ほどで作業は終了する。全身がけむり臭い。

雑草を燃やして肥やしにした。いよいよ明日は「田起こし」だ。

田んぼの中に落っこちる

雑草を刈っても、まだ茎が土に突き刺さっていて、とても田んぼには見えない。テーラーと呼ばれる耕耘機《こううんき》で、土を掘り返す。

「tiller」と書くから、本来は「ティラー」と発音すべきなんだろう。しかし、ここ田結村でティラーなんて言ったって、だれにも通じない。農夫はみな、「テーラー」と呼んでいる。

師匠の農機具置き場になっているコンテナまで行き、そこから小型の運搬車を出す。テーラーを乗っけて、田んぼまで持っていかなければならないのだが、この運転が意外に難しい。戦車みたいなキャタピラーがついている、クローラー運搬機というやつ。まずはクラッチを切っておいて、チョークを引き、思い切りスターターのひもを引っ張って、エンジンを始動させる。チェンジレバーを低速前進モードに入れて進む。左右のハンドル部分にあるサイドクラッチを切ったり入れたりして、進むべき方向を定める。

……ってこんなこと文章で書いていても分からないだろうし、師匠に口で説明されたって分からない。幸い、自分は変速機のついたバイクに乗っていたこともあったし、マニュアル・トランスミッションの車にも長いこと乗っていたので、なんとなく操作法を覚えたが、どちらもやったことがない人は、正直、最初は怖いかもしれない。ぶっ壊しそう、というか、クローラーごと、田んぼの中に落っこちそう。

後ろから車が来て、道端に避《よ》けようとするが、車のハンドルの癖が出て、左右を間違えて切ってしまい、溝に落ちそうになる。師匠が慌てて、「クラッチ切って！　アクセル、落として！」と叫ぶ。

よろよろと運転しながら、なんとかわたしの田んぼまで運んできた。こんどは、このテーラーのエンジンをかけ、クラッチを入れたり切ったりして、土を耕すわけだ。

ロータリー爪といわれる渦巻き状の金属刃を回転させて、固まった土を掘り起こしていく。ロータリーのすぐ後ろに「尾ソリ」という抵抗棒がある。この抵抗棒を地面にさし込んだり、逆に上げたりして、土を掘り起こす深さを決めていくのだ。

最初、師匠が手本を見せて、田んぼのいちばん外周を耕してくれる。簡単そうに見えるから、早くやらせてくれないかとうずうずするが、見るとやるとは大違い。

以前は、牛や馬で耕していたそうな。牛歩とはよく言ったもんで、牛がのろのろ進むくらいのスピードで均一にテーラーを走らせるのが理想。だが、三年も耕作放棄していたので、土が固く、均一なスピードで走らせること自体が難しい。何度も同じところに立ち止まって、田んぼに深い穴を掘ってしまったり、また逆に、スピードを上げて通過してしまい、ほとんど田起こしできなかったり。ムラがありすぎ。

同じ田んぼを何周も耕す。だんだん要領が分かってきて、二周目には、土が軟らかくなっていることもあり、かなり自在にテーラーを走らせることができる。師匠が、「少し、うまくなったごたあ、あるね」とほめてくれる。三周目の田起こしが終わって、田んぼの入り口で座って見ていた師匠に目をやると、頭の上で大きな丸印をつくってくれた。

終了！

理想的な師匠だった

素人目で見ても、師匠が手本をみせてくれた田の外周部分に比べて、自分のしたところは、土のキメが、粗い。土の大きさに、ムラがある。この調子で、明日もまた、田起こしをする。三年放っておいたこともあるし、二日は田起こししよう、という話になった。

ところでこの師匠、初心者を甘やかさず、草払い機も、クローラー運搬車も、テーラーも、最初にちょっとした見本実技を見せるだけ。あとはこちらに、機械をひょいと渡す。わたしが見よう見まねで動かしていて、やり方が間違っても、よほど危なくない限りは、いちいち口うるさく訂正しない。自分で「おかしい」と気づくまで、黙って放っておいてくれる。

まさに、理想的な師匠だった！　都会もんの変人が、どれだけできるかお手並み拝見、というところもあったのだろうか。にしても、大当たりの人に出会った。

本日の作業は終了し、クローラーにテーラーをのっけて、師匠のコンテナまで戻しにいく。ここまでの作業で一時間を少し出てしまった。ゲームのルールからいうと、もう農夫仕事はやめて、ライターに戻る時間ではある。

師匠が気をつかって「もう、ここまでやっとけばいいけん。あとは、おいが片しとくたい」と言ってくれるが、それだけはいかん。「ダメ、ゼッタイ」である。

狭い田んぼとはいえ、機械を使えばいたむし、ガソリンだって、わずかだが、使う。それを師匠は、ぜんぶ、ただで貸してくれたうえ、使い方を教えてもくれる。自分で使った道具くらい、それがどんな軽い、たとえ木製のハンマー一本であったって、ぜったい、師匠に持たせてはだめだ。

「道具は大事にせんといかんですから」

イチローのまねしてきいたふうな口をきき、ハンマーもツルハシも、師匠の手から奪い取って、自分で軽トラや倉庫まで運ぶ。

師匠は吸わないし自分も十八歳でやめたんだが、仮に師匠がタバコを吸うなら、ライターはいつも持参してきただろう。師匠がタバコを手に持ったら、すかさずシュパッとジッポーで火をつける。そういうところは、いくら体育会系であっても構わない。自分は、いま空の下に立ってる中で、いちばん下手っぴいな、下っ端農夫であることを忘れるな。

めまいがするほど美しい

翌日は二回目の田起こし。いちどやってるから、土のうえをかなり楽に進む。

「今日はだいぶ腰が立っとるたい」

師匠からほめられる。ありがとうございます！　コツが分かった。手元に引きつけて、背筋を伸ばし、機械を御する。牛と同じぐらいの歩みを意識する。

昨日はまったく余裕がなかったが、今日は周りの山々を見たりする。若葉が萌えるように、黄緑色に輝いている。ウグイスが得意げに美声で鳴く。山が、息づいている。初夏の日本の里山は、めまいがするほど美しい。

余裕で二畝、耕した。

翌々日は、あぜ波と呼ばれるプラスチック製の板を埋め込む作業をすることに決めた。

田んぼで最大の気がかりは、「水」だ。低い山のふもとにある棚田で、トラクターも入ることができないほど狭い。だから、農業用水なんかない。ここで頼りになるのは、絶え間なく山から流れてくる、自然のわき水だけだ。そのわき水なのだが、わたしの田で必要十分に確保できるか、どうもあやしい雰囲気になっている。

田んぼの脇にコンクリートで固めた側溝が通っている。山水も雨水もそこに流れてくるのだが、どうもこの側溝の水を、取り合いになる可能性が捨てきれないのだ。詳しくは第6章で書くが、水を奪い合う農夫が存在する。そして、その相手が、どうやら悪いらしい。

ならば、先手を打っておこう。コンクリの水路から流れる水が、仮に手に入らなくても、なんとかする。その〝秘密兵器〟が、あぜ波だ。

この側溝水路とは別の方角から、田んぼには、山からにじみ出てくる水が入ってくる。石垣からしみ出てくるのだから、これを利用するぶんには、なんの文句も言われない。「しみ出る」という程度の、わずかな水量だ。ただし、二十四時間三百六十五日、盆も暮れもなく、年中無休でしみ出ている。総計すれば、まずまず、大した量になるのではないか。

五十を過ぎて再びツルハシ

石垣からしみ出てくる場所を特定し、そこから自分の田んぼまでシャベルで通り道を造る。水路を引いて、じっと水面を見つめていると、たしかに、ほんの少しずつだが水が流れてくる……ように、見える。こうやって集めた貴重な水を田んぼから逃がさないために、田んぼの四囲を、あぜ波というプラスチック板で囲むのだ。

師匠に言われて、近所の農協で、あぜ波（百二十センチ×三十センチ）を四十枚注文していた。十枚組みで二九八〇円。ホームセンターで、シャベルも買っておいた。ツルハシは、師匠が貸してくれることになっている。

しかしこれが、一年間の農作業で、一番目か二番目にきつい作業だったのだ。

あぜ波を埋めるため、田んぼの四囲に沿って、幅二十センチほどの溝を掘っていく。周囲は約五十メートルもあろうか。

土が固いところはまずはツルハシで、次にシャベルで掘る。これがきついのなんの。腰にバリバリ音が鳴る。二の腕も痛い。いちばん痛いのは、前腕。握力がきかない。

「百姓は、きつかよ」

師匠が笑っている。

土方のバイトなら高校生の時にやっていた。だが、五十歳過ぎて再びツルハシふるってシャベルで地面を掘るなんて、思ってもいなかった。全身、汗びっしょりになる。

作業中は水に濡れ、ズボンの前が小便漏らしたみたいになっている。しかし日差しがきついから、仕事帰りにはすっかり乾いて、股間から乾いた土ぼこりが舞っている。

かっこ悪いことに、変わりはない。

農作業を終えたあとは、近所の公園に行って、水飲み場でゴム長靴の泥を落とし、シャベルを洗い、頭から水をかぶって汗を流す。このあとはふつうにライター仕事をするんだ。

「天皇は本来、百姓農夫だった！」

三島由紀夫《みしまゆきお》は、戦後の若い男女に大流行したマンボ族に対して「あいつらには、剣道やボクシング後のシャワーの爽快さは分からないだろう」と書いた。本人が、剣道やボクシングをしていたから。

そうかもしれん。わたしも、格闘技や筋トレや自転車やサーフィンをやっていたから、少しは分かる。だが、筋トレ後のシャワーより、農作業後の顔洗いのほうが、なお爽快なんだ。三島は、それを知っていただろうか？『ドグラ・マグラ』を書いた明治の作家・夢野久作《ゆめのきゆうさく》は、自身も福岡の田舎で農園を耕していた。作家仕事は、百姓が終わってからだった。

ある日、子供を連れて散歩中に、農作業中の天皇の銅像にゆきあった。そのとき、子供に向かって、

「日本の天皇は、本来、百姓農夫だったのだ！」

そう叫んだという。芸術家の、正しい直感だ。

ライター仕事を終えた。夜。ここ数年にないくらい、ぐっすり寝られる。横になったら、次の瞬間、眠っている。

やめるわけにゃいかねえぜ

数日掘り続けたあと、師匠が「うーん、やっぱりこっち側のほうがよかったとねぇ。掘り直すばい」と言い始めた。まじかよ！　せっかく掘った穴を、こんどは埋め直して、最初からやり直し。なんかの拷問か？

ポール・ニューマンの映画『暴力脱獄』にあったが、どんなに気丈な反骨漢も、意味のない肉体作業を延々繰り返させると、折れる。ポール・ニューマン扮《ふん》する囚人も、同じ場所を掘ったあと、埋め戻す拷問をさせられた。ついに、壊れる。看守たちの奴隷になってしまう。そんな映画だったっけ。人間は、意味のない労働には、耐えられないようになっている。

もっとも、これは意味のない作業なんかじゃない。だから、きついが、やってて楽しくもある。草を刈り、地面をひっくり返し、土を細かくし、新品のあぜ波で囲って、日に日に立派に、田んぼらしくなっていく。わが戦場を見るのは、愉快ではある。

「そうよ。なんだって、そうじゃけん。自分で作っとると、段々に可愛くなりよると」

別の日。数日間、苦労して掘った溝に、あぜ波を並べる。今度はあぜ波の頭を木槌でこんこんたたき、土に押し込んでいく。途中、地主家の若旦那が現れた。師匠が「お、口うるさい地主がきたで」と冷やかす。

「立派に作ってもろうて。やっぱり器用な人がやると、違うとね」と若旦那にほめられる。器用なんて言われたのは生まれて初めてだ。何をやっても不器用だったから。

それにしても、あぜ波埋めはきつかった。

「田仕事でいちばん、きつい仕事はなんですか」

師匠に聞くと、やはりそれは田植えなんだという。泥の中で作業するから、圧力がぜんぜん違う。まじ？　これよりきついんかよ～。

「やめる？」

師匠が意地悪くニヤッとする。「はい、そうですか」と、ここでやめてたまるかよ。

マスコミの奴らが　ぞろぞろやってきて
同じことばかり繰り返し　聞いていきやがるぜ
だがおれはこの汚ねえ世間に
揺さぶりをかけたいから
「はい、そうですか」と
テキトーに答えるのさ
ああ、また眠れない夜がくるぜ
自分で選んだこととはいえ
だがここで
やめるわけにゃ　いかねえぜ

（TEARDROPS「瞬間移動できたら」）

第5章　泥にまみれて労働の悦びを知る

農協の窓口で職員をたびたび
困惑させるアロハ記者
もはやプレイです……

草刈りから始まって田起こしし、あぜ波で田んぼを囲って水路を整えた。耕作放棄地が、みるみる美しく、田んぼらしくなっていった五月初め。いつもどおりの田仕事の帰り道、農協に寄った。

いよいよ、米の苗を買ってくることになったのだ。ここまでくると、もう後戻りはできない。「苗を六つ、買ってこんば」と、師匠に言われた。近所のJA（農協）の支所で、まずは申し込みをするのだという。

「コシヒカリですか？」

それしか知らない。

「アホ。どこにも推奨米ってのがあるけんが。ここらはヒノヒカリじゃ」

そこからかい、とあきれる師匠の顔は、まあ、いつものことだ。

「六つって、なんすか？　どういう単位で六つ？」

「六つは六つじゃ。窓口で言えば、分かるとよ」

こういうところは師匠はおおざっぱにしか教えてくれない。「周りに聞くのも勉強たい」ってことらしい。

ＪＡ支所の場所は、車で通るから知ってはいた。しかし、ＪＡバンクの、きれいな建物があるだけ。

ここかなあ？　まさかここで苗を売ってるわけねえだろうと、なんぼ愚かな私でも予想はついたのだが、ほかにそれらしき建物が見あたらない。

稲がほしけりゃ米を買え

意を決してＪＡバンクのドアを開けた。長靴、メッツ帽、泥だらけのアロハという、いつものオルタナ農夫姿。こっちも不安だから、窓口で、必要以上に元気よく叫んだ。

「苗！　六つください！」

きれいな制服を着た窓口の受付嬢が、大きな「?」マークを顔にあらわにして、こっちを見る。当たり前だ。農協のもっとも大きな業務は、いまや金融機関。これじゃ、都市銀行の窓口に泥だらけで現れて、苗をくれといっているのと同じだ。

「苗？」

「苗！　六つください」

しばらく考えて、受付嬢が教えてくれた。

「ああ、営農課の事務所は裏にあるんです。倉庫の入り口に」

礼儀正しく、笑いをかみ殺している。若い女の子に受けるのはうれしい。しかし、今日はそんなにうれしくない。

受付嬢に笑われ、ＪＡバンクの裏へ回ると、たしかに薄暗い倉庫がある。暗闇の中へ入れば、小さな事務所があった。看板があるわけでなし、自分のような一見《いちげん》さんなど、分かるはずもない。ていうか、一見さんが来る用事なんてないんだから、看板もなにも出ていないのは、当然といえば当然だ。

こう見えても都会っ子で、ええかっこしいだ。恥をかいて、顔を真っ赤に、気が動転している。こんどは、営農課の窓口に出てきた女性事務員に、照れ隠しの必要以上にでかい声。

「稲！　六つください！」

女性がさっきの受付嬢よりさらに大きな「?」顔をしている。

稲ってなんだよ。稲がほしいなら、実りの秋に来い。ていうか、スーパーで米を買えって話だ。

「東京から来たんです。なにも分からないんです。田んぼ作ってるんです」

哀れに説明しているうちに、

「ああ、苗？　苗を、六枚だけ、でいいんですか?」

ようやく話が通じる。奥のほうから職員が、おもしろがってどやどや出てくる。

「どこで作らしとると？　教えてくれる人はおるとね？　機械はどうされとるん？」

逆に質問攻めにあう。わたしの答えにみんなはいちいち、半笑いをこらえている。こっちは、しかし、真剣なんだ。

「一反は十アールで十畝でしょう。ふつうは一反に二十枚の苗やっけん、二畝しかしとらさらんなら、四枚ですむとですよ」

なるほど。でもまあ、こちとらど素人で田植えで失敗もするだろうから、余分に六枚買ってこいと、師匠は言ったんだろう。

決断のときは来た

大恥かいて無事に苗の予約も済ませた、ある日のこと。

「苗ばぁ、どうやって取りに行くと？」

師匠に、そう言われた。

「どうやってって、車じゃないんすか？」

ツーシーターのオープンカーだって、小さいけれどもトランクはついている。乗り切らなかったら、何往復かすればいいわけだし。

「あほう。水びたしになるど」

師匠に怒られる。

だいたい、苗床一枚ってのがどういうものなのか、見たことも聞いたこともない。あとで分かったことなんだが、苗床一枚で、バスタオルぐらい。苗の根っこの部分には水が張ってある。トランクで運ぶってのも、これじゃ難しい。なにより、ポルシェで苗床を取りにいったら、怪しまれて渡してくれないんじゃないか。さすがにこのあたりが限界か。

大きな決断だが、やはり、いまが引き時かもしれない。

「師匠、軽トラ買おうと思ってるんすけど、どうすかね？」

相談すると、師匠はだいぶ驚いている。

「軽トラって……。まあそりゃあ、あったほうが便利ではあるけんど。あんた、今年だけじゃなかとね？　来年も、米ば作ると？　ふーん。したら、取材も軽トラでせんばやね」

びっくりしているが、うれしそうでもある。

「まあ、しょうがないっすね。軽トラで行けば、取材先にも受けるかもしんないし」

「よかねえ。それじゃあついでに、地下足袋に脚絆《きゃはん》で行ったらよか。帽子も、諫早農協とか書いとる帽子が、あるとよ。そいば、かぶってさ」

ひとごと。ニヤニヤしている。

カネより人のつながり

軽トラ購入が現実味を帯びてから、ここのところ、自宅から田んぼへの行き帰りに、中古車の販売所を気にしてのぞいてきた。どうせ使い倒すんだから、安ければ安いほどいい。

田んぼの近くに、諫早名物、冬の間の牡蠣《かき》焼き小屋がある。夏場は無人。そこの前に、軽トラが一台置いてあるのに気づいた。フロントガラスに、携帯電話の番号が書いてある。

「これって売り物なんかなあ？　粗大ゴミか？」

気になってはいたのだ。ある日、勇気をふるってその電話にかけてみた。何度かの呼び出し音のあと、「はい、もしもし。オーシマですが」。意外にも標準語の、感じのよい応答があった。それが、オーシマ中古車販売の、社長さんだった。

ぜんぶあとで聞いたことだが、佐賀県出身で、縁あって東京に二十年も住んでいたという。電話の感じがいいし、こっちは軽トラのよしあしなんてどうせ分かりっこない。会う約束を取り付けた。自宅に来てくれるんだとか。

次の日。わざわざ家まで来てくれた社長さんを、家に通した。社長、あぜんとしている。そりゃそうだろう。

リビングにあるのは、天井までの棚にあふれかえった本、本、本。オーディオセットに、LPレコードの、これまた山だ。「なんだ、こいつは？」だろう。農夫の部屋ではない。

「あの、失礼ですが、どういうお仕事？」

当惑している社長に、自分のたくらみを話した。自分も東京出身であること、土いじりなんてしたことないこと、食いっぱぐれてもライターを死ぬまで続けるつもりであること、そのための朝だけ耕、まったくのど素人だが、師匠をとっつかまえて、田作りを教えてもらっていること……。

社長もすごくおもしろがっている。

見た目からしてかなりぼろい、どっちかっていうと粗大ゴミみたいな軽トラなんだが、はたして、走行距離は二十万キロ以上だった。ほとんど廃車寸前のようにも見受ける。

「いやいや。こっちの農家は、平気で二十万キロ以上、乗りますよ。大丈夫」

社長が自信満々にうけおっている。

田んぼへいくまでに、峠を二つ三つ越えなければならないのでそれが心配なんだが、

「中古タイヤですけど、サービスでタイヤ交換しておきます。万一、峠道で故障したら、わたしが引っ張りにいきますよ。運搬する大型トラックも、わたし、持ってるんですよ」

安心なんだか不安なんだか、微妙なことを言う。

車体価格一〇万円。ほかの全国チェーン店の中古車屋で見かけた軽トラよりは、半額以下に安い。決めた。

「哀れなもんたいねえ」

自賠責保険など、車体本体価格のほかに約五万円の諸費用を社長に前渡しし、軽トラを注文した。サービスで中古タイヤに交換してくれ、すぐにやってきたわが軽トラ。最初は恐る恐る走らせていた。だが、さすが世界に冠たる日本の自動車メーカー。二十万キロを超えて、まだまだ現役。よく走る。いいエンジン音。タイヤをキュッキュ鳴らして急発進する。

　ホイールスピンを決めれば、
　今夜もサティスファイ

横浜銀蝿か。峠道、低い山にぶつかりそうな勢いでカーブに突っ込み、毎早朝、田んぼに出勤するようになった。快感。

最初、軽トラを自慢げに見せびらかしたとき、師匠、まじまじとわが愛車を検分して、

「これ、一〇万円で買《こ》うたと？　ふーん。これで十万とりよるんかい？」

「いけませんか？」

「いけなかこたぁ、なかけど……。どうも、哀れなもんたいねえ」

まあたしかに、ここの集落の人間関係にもっとなじんでいれば、このくらいの軽トラは、ただで手に入るものなんだろう。廃車するにしたってカネがかかる。社長だって、おそらくこの軽トラはただで入手したに違いない。時間をかけさえすればその手もあったと、いまにしては思う。まあ、初年なんだし、仕方がない。

師匠に言われ、荷台に雨が入らないよう、ホームセンターでトラックシートを買ってくる。シートを荷台にくくりつける太いゴムストラップも。

シートに傾斜をつくって雨をためないようにする、船の竜骨みたいな棒は、山から適当な長さの木を探してきて、ひもでくくりつけろ、という。

なるべくカネをかけないようにして、軽トラをより快適なものにしていく。最初、ど素人

の軽トラだったものが、だんだん、プロの農夫っぽい車に変身していく。

コツは、師匠が口癖のようにいっていること。

「むだなカネかけること、なかけん」

この精神が、じつはいちばん大事。

ふやけた肥満脳、ホリエモン

いまやホームセンターにいけば、農作業用の小道具はなんでも手に入る。農村地帯に行けば行くほど、豊富に品揃えがある。

しかし、うまい農家ほど、そういう「商品」は使わない。手作りの道具や、山からもってきた材料を工夫して、大事に使う。

第9章に書くが、収穫したあとに天日干しをするわけだが、このときの細い木の支柱やひも、それに、水を張った田んぼの表面の泥をこそいで平坦にならしていくトンボ、あれだって、師匠の父親の代からの伝承品。手作りだ。

うまい農家はカネなんか使わない。というか、「貨幣でなんとでもなる」という時代精神は、田では思考の怠惰でしかない。

ついでに言っておくと、「モノを買えば、なんとでもなる」というのは、資本主義という時代精神に、かなり洗脳された思考様式だということも、知っておいたほうがいい。「カネで買えないものはない」みたいなたわごとをほざいていた時代の寵児《ちょうじ》の大金持ちが、ちょっと昔、ブイブイいわせていたけれど（ホリエモンとかいったかな）、この語録だって、世間が驚くほどのことではない。ちっとも珍しくも、目新しくもない。

頭を使わないやつの常套句。洗脳された（あるいは洗脳しようとしている）、ふやけた肥満脳の典型的な思考様式だ。

というのも、「カネでなんでも買おうとする」ことこそ、資本主義が肥大していくために、必須の行動様式だからだ。資本が、わたしらに対し、子供のころから、習わせ、覚えさせ、洗脳しようとしている、考え方の一類型だからだ。

資本主義という「怪物」を養っていくのに絶対に必要不可欠な餌が、ふたつある。労働者と、消費者だ。

だれでも名前を知っているネット企業や衣料品や外食産業やの有名企業のなかに、離職率がやたらと高いブラック企業すれすれの企業が多くある。それでも、「ほかに働き場所がないから」とあきらめて、働く人たち。自分で生産する手段を持っていない、無産の労働者。都会で、低賃金で、労働組合なんか結成しない労働者。彼らがいなければ、グローバルな大企業は成り立たない。

もうひとつ。ただ労働者であるだけでは、だめだ。彼ら労働者には、ファストファッションで身を固め、買い物はネットでより安く、食事はチェーン店で牛丼特盛りを食ってもらわなければ困る。その、衣食住をまかなうために、また月曜日から、もの言わず働く。

つまり、労働者↓消費者↓労働者の永遠の循環サイクルが、資本主義には必須なのだ。

〝等価交換〟というイカサマ

資本主義の手品は、あくまでも〈労働者〉から資本が搾取するのでなければならないというのが、ポイントだ。奴隷やら農奴やらを強制して働かせる賦役、貢納ではだめなのだ。労働者は、資本家に自分の労働力を売る。この過程では、ごまかしはない。どんなひどい条件の非正規雇用であろうとも、奴隷労働ではない。あくまでも両者が合意して契約を結んだうえでの、労働力と賃金との〝等価交換〟だ。

今度はその賃金で、労働者は資本が売りに出した生産物を買い戻す。もう一度〝等価交換〟する。労働者とは、同時に消費者でもある。生活必需品を買い戻す消費者は、それを生産した労働者とイコールだということが、ここでは決定的に重要なのだ。

一九二九年にニューヨーク証券取引場で始まった大恐慌により、一九三〇年代、世界は不況の嵐にあえいでいた。生産が過剰になり、だれも、ものを買わない。買わないから、企業の収益が悪化する。収益が悪化するから、賃下げ、首切りが横行する。したがって、また消費者は、ものを買わなくなる。悪循環。

その後、一九三九年に端を発する第二次世界大戦に突入する。五千五百万人の死者を出した大戦争だが、経済面だけを見ると、世界は第二次大戦のおかげで恐慌から脱出することができた。戦争とは、最後で最大の公共事業なのだ。

第二次大戦が終わると、欧米各国は復興期を迎え、こんどは好況に沸くようになる。大量生産、大量消費の時代に突入した。

『資本論』を書いたマルクスは、資本主義が高度に進んだ国、イギリスやフランスでまず、資本主義の矛盾が爆発し、資本家と労働者のあいだの軋轢《あつれき》が解決不能なまでに高まって、革命が起きると予想した。しかし、そんなことは起こらなかった。社会主義革命は、むしろ、資本主義の後進国であるロシア帝国で起こり、労働者独裁の社会主義革命が成功した。ソビエト連邦の成立である。その後、ソ連がどうなったか、知らない人はいないだろう。二十世紀の壮大な実験と言われた社会主義国、労働者独裁は、当の労働者を死ぬほど苦しめて、この世界から消えてなくなった。

逆に、資本主義の先進国、イギリスやアメリカなどの労働者はどうなったか。マルクスの時代には目も当てられない悲惨な生活をしていた労働者の生活も、大量生産が可能になり、賃金もあがり、徐々に豊かになっていった。階級闘争は終わった、と喧伝された。

しかしこのときむしろ、「労働者が大量に作った製品を、消費者としての労働者が大量に買い戻す」というサイクルが確立されたとも言える。大量生産・大量消費の過程で、資本家・企業に多大な剰余価値をもたらすという、資本主義の原理が実現されたのだ。

この世に存在してはいけない人間

何が言いたいのかというと、つまり資本主義社会にあっては、消費しない者は、この世に存在してはいけない者だ、ということだ。消費しない者は、労働しない者と等しい。買い物しないやつは、労働しないニートや引きこもりと同様、あってはならない人間なのだ。

だからこそ、戦後の高度成長期には、白黒テレビ、洗濯機、冷蔵庫が「三種の神器」としてもてはやされ、庶民が憧れるべき家電製品であるという刷り込みがされ、それらを買うことを社会的に推奨された。そうした商品が普及し尽くすと、今度は3C、すなわちカラーテレビ、車（Car）、クーラーが新しい三種の神器とされた。

ところで、二〇〇〇年代に入っての三種の神器に、どうしてもほしいものって、あるだろうか？　わたしはテレビもほとんど見ないから薄型テレビなんかいらない。カメラ付き携帯電話は会社に持たされているが、できることなら捨てたい。

しかし、そういう人間が増えてもらっちゃ困るのだ。文句も言わずに働いて、せいぜいGDPを引き上げて、大量に消費して、経済成長に寄与する。それが、近代資本主義社会に求められる人間像だ。

でも、これって魅力的な人間像だろうか？　なんでも山や野からもってきて、手ぎわよく作ってしまう師匠たちのほうが、「生物」として強そう。魅力的にみえないか？

ことのついでにもうひとつ言っておくと、この本でなにもわたしは、「反資本主義」などをアジろうとしているわけではない。「革命」とか、軽々しく口にするやつらは大嫌いだ。革命後のユートピアを語る人間は、頭から信じない。

人類に幸福をもたらすとされるユートピアを構想した者は、その発明に関する所有権を有すると思いこみがちである。彼は、自分のシステムを実行に移すのに、彼以上の適任者はいないと信じている。
（ソレル『暴力論』）

未来の計画を作成する者は反動家である。
（マルクス）

革命もユートピアも、犬に食わせろ。わたしがやってることは、ただ、「資本主義という怪物に、力なくからめとられるだけが、人生なのではないんじゃないか？」という仮説を、人体実験で確かめようとしているだけなんだ。

いっちょ戦争でも始まってくれ

「労働」は苦役じゃない。ほんとうは、悦びの源泉であったはずだ。また、「消費」だけが人生の楽しみじゃない。ほんとうは、消費しない工夫が楽しかったりもするはずなんだ。労働者↓消費者↓労働者という、資本主義の永遠の循環サイクルから、ほんのちょっとはずれる。その循環サイクルの裏をかく方法も、あるんじゃないか。あっていいはずだ、見つけたいんだ。

だって資本主義は、打倒しないまでも、大きな曲がり角に来ていることだけは、だれの目にも、もはや明らかだろう。もっと買え、もっと消費しろ、成長しろと、政府がいくら躍起になって声をかけ、日銀がカネをジャブジャブ市場に垂れ流しても、だれももう、無駄なモノなんか買おうとしていないじゃないか。

結局、第二次世界大戦が始まるまでは、世界恐慌から本質的に脱出できなかった。資本主義は、景気循環と恐慌を避けて通れない。

そして、最大の恐怖は恐慌よりも、むしろその〝解決策〟だ。もはやこうした世界的な不況を脱するためには、一国の財政出動などでは効き目がない。最大にして最後の〈公共事業〉、つまり戦争が要請されるのではないか、ということなのだ。

ちょっと昔になるが、「『丸山眞男』をひっぱたきたい――31歳、フリーター。希望は、戦争。」という論考が論壇誌に載って話題になったことがある。出口なしの非正規雇用が続く自分たち若者の暮らし、こんな生活が続くなら、そして将来に希望も見えないのが宿命であるならば、むしろ戦争でもあればいいのに。そうすれば、偉そうにリベラルぶっている学者なんか、引っぱたいてやる。

なかなかにうまい挑発だったわけだが、こういう感情は世界に鬱積している。移民排斥や外国人差別の先頭に立つのは、どこの国でも、「自分自身こそ虐げられている、差別されている、希望がない」と感じている若者たち。社会的には〝弱者〟だ。

白いおまんま食えりゃ上等だ

人は、理念や理想で、なかなか戦争なんかしないもんだ。そうではなく、戦争とは、食いっぱぐれたやつが、社会である程度、数を増してきたとき、閾値《いきち》を超えたときに起きる。

〝理念〟のためには、戦争なんか起きない。戦争が起きるのは、食いっぱぐれた若者や失業者が、街路にあふれたとき、一発戦争でもやって外に活路を求めるほかはないんじゃないか的な、景気がよくなるんなら戦争でもなんでもやってくれ的な、食いっぱぐれのやけっぱちが、戦争への気分を醸成する。破れかぶれの圧力が、ある臨界点に達したときに、戦争は起きる。

そこで、だ。「希望は、戦争。」とか言っちゃう前に、まだやることはあるんじゃないか？絶望するのが早すぎるんじゃないか？　というのが、わたしの立場なんだ。大きく出るが、ここではっきり言っておこう。つまり、みんなが食いっぱぐれないための、最後の生命線が、わたしのやっている「朝だけ耕」でもあるのだ。

筆者は、いまで言うところの下流家庭に育った。父親は職場を転々とするタクシー運転手。職場を転々とするのは、同じところに長くいられなかったから。どちらかといえば、本職はギャンブラーだった。ギャンブルにはまって定時の出社がままならず、だから会社を転々とする。月給をそのまんま、借金の支払いに持っていかれたことだってある。

このギャンブル親父の、行き当たりばったりな、最後はブラック金融にも手を出した無軌道な借銭のせいで、社会人になってからもしばらく、わたしは、塗炭の苦しみをなめた。

車もエアコンも、風呂さえ家になかったし、一時はテレビさえなかったんだから、一九六〇年代という時代を考えても、周りの家庭に比較して、かなり貧しい家庭で育ったとは言える。両親は、当然、共働きだった。

その父親の口癖が、「白いおまんま食えりゃ上等だ」。あたたかい銀シャリが食べられるなら、なにも文句はないだろう。塩をかけて銀シャリ食えれば、ごちそうだ。

三つ子の魂百まで。この親父とは、成人してのち、殺し合いになりそうな修羅場があったほど憎みあったのではあるが、ただ、この口癖、「白いおまんまに塩かけて食えりゃ、ごちそうだ」、これは、わたし自身の生活信条にも、いつしかなっていた。

いまに至るも、どうも、「グルメ」と称する輩《やから》が、大嫌いなのだ。男のくせに、うまいのまずいの、ぬかすな。どんぶりに山盛りのドカ飯食ってりゃ十分だろ。インパール作戦で死んだ大日本帝国陸軍の兵隊さんを思え。はるばるインドくんだりまでいって、兵隊が戦闘で死んだならまだしも本望だが、作戦たてる上層部の軍人官僚が究極のあほうだったもんだから、補給線が届かなくて自滅した。飢えで、死んだんだぞ！

つい、こぶしに力が入る。それはともかく、だ。あったかいおまんまに塩かけて食べられれば、毎日それでは栄養も偏るが、まあしかし、飢え死にには、しやしない。まず、一人ひとりが、飢えないこと。これが、すべてのスタートだ。そのための素人なりのオルタナティブな実践が、「一時間の朝だけ耕」でもあるのだ。

みっともないことをしないため

余計なことをもうひとつ書いておく。この実験は、人生でもっとも大事なときにあたって、みっともないこと、かっこ悪いことをしてしまわないために、やってもいるのだ。

自分で自分を許せなくなる、みっともないこと、かっこ悪いこととは、なんだろうか。人それぞれ違うだろうが、わたしにとってのそれは、生きるためだけに、書きたくもないことを書かされること。書きたいことを書かせてもらえないこと。これである。

人はパンのみにて生きるにあらず。神の口より出る、ひとつひとつの言葉によって、生きる。

先の太平洋戦争でのこと。真珠湾奇襲で日米開戦したその翌年、「日本文学報国会」という文学者、批評家らの組織が発足した。「国家の要請するところに従って、国策の周知徹底、宣伝普及に挺身《ていしん》し、以て国策の施行実践に協力する」ことを目的としていた。

文学が文学のために生きる――それがたとえ、小児性愛や、殺人願望であってさえも――、どれほど下等な欲望を描いても、文学が文学のために生き、そして死ぬのは、本望だろう。しかし、文学が、文学以外のもの、国家やら国策やらのために、なにか書くことを要請され、身を挺し、実践する。これは、最低の、その下である。

しかし、こんな組織に、当時の名だたる文学者のほとんどすべてが、吸収された。入会を拒否したのは、わずかに中里介山《なかざとかいざん》くらい。永井荷風《ながいかふう》も、「勝手に入会させられた」と、怒った。

わずかにこれだけ。なぜか。荷風には、親から譲り受けた莫大な財産があった。食うに困らなかった。中里介山は、長野県の山奥に引っ込み、田畑を耕した。親がギャンブラーで自己破産していて、財産を譲り受けるどころではないわたしは、ではどうするか。中里介山をまねるしか、ない。

中野重治に『村の家』という作品がある。戦中、共産党員でもあった作家が、特高警察にその活動を咎《とが》められ、裁判にかけられて、その場で転向してしまう。

郷里に帰ってきた主人公は、それでも、ドイツ語の翻訳ものなどをして、日を暮らしている。主人公の父親は、無学で、保守的な農民なのだが、息子のそうした態度が歯がゆくて仕方がない。「おまえがつかまったと聞いたときにゃ、おとっつぁんらは、死んでくるものとしていっさい処理してきた。小塚原で骨《こつ》になって帰るものと思て万事やってきたんじゃ……」などと、息子の無事を喜んでいない。

「おとっつぁんはそういう文筆なんぞは捨てべきじゃと思うんじゃ。」

「……」

「おとっつぁんらア何も読んでやいんが、輪島なんかのこのごろ書くもな、どれもこれも転向の言いわけじゃってじゃないかいや。そんなもの書いて何しるんか。何しるったところでそんなら何を書くんか。いままで書いたものを生かしたけれゃ筆ア捨ててしまえ。それゃ何を書いたって駄目なんじゃ。いままで書いたものを殺すだけなんじゃ。それゃ病気ア直さんならん。しかし百姓せえ。三十すぎて百姓習うた人アいくらもないこたない。（略）」

「土方でもなんでもやって、そのなかから書くもんが出てきたら、そのときにゃ書くもよかろう。それまでやめたアおとっつぁんも言やせん。しかしわが身を生かそうと思うたら、とにかく五年八年とア筆を絶て（略）」

（中野重治『村の家』）


たいへん、厳しい指摘だと思う。そして、正しい指摘でもある。文筆家は、自分の書いたもののために死ぬことがある。

「三十すぎて百姓習うた人アいくらもないこたない」と、この父親も言っている。五十過ぎて習う人間は、まあ、珍しかろうが、書きたくないものを書かされて、書きたいことを禁じられるくらいなら、ライターである必要はない。数年、筆ア捨ててしまえ。菩薩《ぼさつ》峠に閉じこもれ。百姓するじゃ。「消したい過去」を、自分で創って何しるんか。

泥田で「地獄の黙示録」

六月。いよいよ田植えが近づいた。今年前半の、最大の山場だ。することがいっぱいありすぎて、身がいくつあっても足りない。早朝の一時間しか田んぼには入らない、というのがこのゲームのルールだ。ゲームはルールを厳格に守らないとおもしろくない。

田んぼへ、いよいよ水を引きいれる日が来た。田んぼの四方をあぜ波で囲み、一角だけ、スペースをあけておく。ここを水口《みなぐち》にする。小さな板をもってきてこのスペースにはめ、

「水門」を開け閉めすることで、田んぼに引く水量を調整しようという算段。

水門の開通式。板をとりのけると、水が少しずつ、からからに乾いた田んぼの表面を潤していく。と、いっても、山からしみ出してくる水だけなので、水道を開けたようにジャーッと水が入ってくるわけではない。ちょろちょろ。水道の水漏れみたいな感じ。これでほんとうに田んぼに水が満ちるのか、いささか心配になる。

しかし、苦労してあぜ波を埋め込んだ甲斐あった。石垣からしみ出てくる山の水だけで、数日もすると、田んぼは泥の干潟のようになっていた。ここに、「元肥《もとごえ》」と呼ばれている肥料を、まいておいた。

それから三日後。今度はこの泥田を、もう一度、テーラーで耕す。代《しろ》かきというやつだ。代かきは、田んぼに水を張り、土を細かく砕いて、かきまぜ、土の表面を平らにして田植えに備える最終準備。水と泥を混ぜ込んで、粘土状にする。そうすることで、田の底から水が漏れていくのを防ぐねらいもある。田んぼに雑草がはえてくるのも防いでくれる。

田んぼには水を引いて、数日寝かせてあるから、泥んこ状態。四月にやった田起こしのときのように、固い土を掘り返すわけではない。だからテーラー自体は、すこし扱いやすい。

そのかわり、泥田を歩くので、半端なく足腰の力が必要だ。底なし沼に足を引っ張りこまれそうになりながら、一本一本、足を引っこ抜いて歩く感覚。泥田で「地獄の黙示録」。

とてもいままでのように長靴ではできない。師匠に言われ、農協で田植え足袋を買っておいた。ビニール製の地下足袋、といえばいいか。足の親指と人さし指の間がV字型に割れているので、泥のなかで踏ん張れる。

農協女子にキュン死

前日、農協で買ってきた。窓口には若い女の子が出てきた。めがねっ子。

どうしてだか、また緊張して「田んぼ足袋、ください」と、でかい声でやっちまった。

窓口で「?」顔されるのは、もう慣れっこだ。小首をかしげて「田んぼ足袋? それをいうなら、田植え足袋やっけん」。クスッと笑われた。恥ずかしい。

「サイズは?」

「二十九センチ」

また笑う。いちばん大きくて二十八センチなんだとか。まあ、そうだろう。

代かきのあとしばらくして、農協営農センターに、苗を取りにいった。

ここまで来といてあんまりなんだが、そのとき、初めて知った。「苗を六つ」とは、苗を六床ということ。一床が、小さなバスタオルぐらいの大きさで、乾燥しないように、下部のスポンジに水を含ませている。この小さめのバスタオルを、六枚、ということなんだ。

たしかに、ポルシェでこれを取りにいったら、怪しすぎるだろう。

かといって、軽トラで六床取りにいくというのも、それはそれで目立つ。少なすぎるのだ、逆に。農協に依頼されて育苗していた業者のおじさんが、いろいろ教えてくれる。

「持って帰ったら、日陰に置いて、苗のあたまを、箒《ほうき》でさーっと払うんじゃ。そいで、水滴を落としよったらね、デジタルバウアー、買《こ》うたか？　それまいて、また均一にさーっと水をじょうろでまくとよ。薬剤を落とすたい。分かった？」

デジタルバウアー箱粒剤は、師匠に言われ、すでに地元の農協支部で買ってある。葉イモチやウンカなどを防ぐ防虫剤。細工は流々。仕上げをご覧じろ。

代かきを無事終えたら、田植えまでに水をさらに引き入れておく必要がある。詳しく次章で書くが、わが田んぼも、いろいろあった末、満々と水をたたえ、千々に光を砕いて反射している。苦労しただけあって、神々しい。

W杯なんてだれが見るか

六月十五日早朝。

奇《く》しくも、二〇一四年、サッカーW杯ブラジル大会で、日本代表の初戦があった日だ。列島中がテレビの前で熱狂している瞬間、わたしは、田んぼに立っていた。他人の栄冠より、自分の丼めしだ。

初夏で日差しが強い。この日は、アロハに、メキシコで買ったテンガロンハット、サングラスも用意して、準備万端整えた。

「百姓は麦わら帽とぉ！　それじゃ指名手配の犯人たい」

師匠が今朝も元気に怒っている。しかし、そこは譲れない。自分のスタイルは、崩さない。自分のワードローブに、麦わら帽という選択肢は、ない。

田んぼの中心部分は、やはり手押しの小型田植え機で植えていく。小さなバスタオル状態の「マット苗」を、田植え機の苗載せ台にしつらえる。

水の満ちたぬかるみの田んぼは、強烈な力で足を引っ張る。例の二十八センチ特大田んぼ足袋をはいて、足をとられながらも、踏ん張って、せっかく植えた苗を踏まないように、そしてなるべく一直線になるように、田植え機を走らせる。

左右にクラッチがあり、ターンするときは、ハンドルを引き、曲がる方向に体を傾ける。要はバイクと同じ。「同じ」って頭では分かっちゃいるけれど、何度も泥の中に機械を埋め込ませ、そのたび師匠に怒鳴られる。

ようやっと半人前に操れるようになったころ、しかし、二畝の小さな田んぼは、不格好ながらも、いちおう、若緑色の苗がまっすぐに並んでいた。感動する。

苗床は全部で六枚。四二〇〇円。これで、一年分の主食ができるってか？　いまさらながら驚く。マジックというほかない。土、太っ腹。

プロがすれば、一直線に、均一に植わっているのだろう。しかし、ど素人。不細工に、まばらに植わった苗の、隙間があいている。そのスペースを、今度は手作業で埋めていく。

余ったマット苗を左手に持ち、右手でちぎって、泥に埋め込む。中腰姿勢。泥の中で、ずっとスクワットをしてるようなもの。身がもたない。

なるほど。これではカリフォルニアの米に、かなうわけがない。

「日本に農業はいらん」は正論

昔、アメリカ・ニューヨークに住んでいた。米の飯が好きなので、実は心配していた。中華料理で出てくる、あのパサパサして匂いのきつい長粒米。あれを食べなきゃならんのかな。実際に住んでみると、そんな心配は全然無用だった。スーパーに行けば、カリフォルニア米がどっさり売っている。食味は、わたしはグルメでないから分からないし、語りもしないけれど、日本の米に、なんら遜色ないように感じた。炊きたてを食べれば、ふつうにうまい。そして、日本で米を買うより、安い。これは、当たり前の話なのだ。カリフォルニアの、あの馬鹿みたいに真っ平らな大平原を、どでかいトラクターでならし、苗を何キロも一直線に並べて植えて、一挙に収穫すれば、そりゃ、コストパフォーマンスがいいに決まっている。ちょっとショッキングな事実がある。

> 日本が「豊葦原の瑞穂の国」、すなわち「稲が豊かに実る稲作の適地」であるという認識は、文化的、歴史的には正しいであろうが、現在では技術的、経済的にはそれほど強調できないものとなった。
> （荒幡克己『減反40年と日本の水田農業』）

稲作には大量の水が必要で、その点では、高温多湿の日本の国土は、確かに稲作に適していた。一方で、植物としての稲の生育には、豊富な日照量も必須だ。お天道様にがんがん働いてもらわないと、いい米は育たない。光エネルギーを十分に浴びて、稲は大きく育ち、単収、すなわち耕作面積あたりの収穫も増える。

古代や中世の社会では、たしかに水の重要性が突出していたから、日本は世界に誇るお米の国、豊葦原の瑞穂の国であった。しかし、土木技術が飛躍的に進んだ現代では、水よりもむしろ太陽、かんかん照りの日が続き、そして、機械化の容易な平地が続く国のほうが、米作りには有利だ。カリフォルニアの米はよく知られているが、このほかにもオーストラリアやエジプト(!)など乾燥地帯のほうが、実は米作りには適しているのだ。

こんなどでかい国々と、同じ土俵で勝負しろ、生産性を上げろ、競争に勝てないのなら農業なんかやめちまえと、日本のお百姓は言われているのだ。市場原理主義者やTPP推進派の、基本的な主張は、そういうことなのだ。

わたしのまちがいだった

米作りを産業のひとつと考えれば、確かに理があるだろう。わたしのように、山ぎわの狭い棚田で、小さな手押し機械さえ届かない端っこのほうを、泥の中をスクワットして、手でちぎって苗を植える。こんなの、アメリカやオーストラリアの農家に見られたら、笑われる。勝てるわけがない。

やめちまったほうがいいだろう。「産業」としては、ね。

だが、米作りを、「産業」としてだけ考えていて、いいのか? いいわけねえだろよ。

「商品」を作るだけが、田んぼの能じゃあるまい。ブラック企業に搾取されない。売れないライターならライターとして、ミュージシャンとして役者として、作家でも画家でも、なんでもいい。夢を追いつつ、まあしかし、食うだけはちゃんと食えている。そんな、もうひとつの生き方があったっていいし、そうした選択肢を可能にしてくれる太っ腹さが、土にはある。

わたしのまちがいだった
わたしのまちがいだった
こうして草にすわれば
それがわかる

（八木重吉「草にすわる」）

わたしがまちがっていた。
わたしがまちがっていた。
こうして泥の上に座れば、
それがわかる。

泥田でスクワットをして、みじめにけつを汚さなければ、見えてこないことだって、ある。

第6章 いよいよ田植え目前、水をめぐる親分との闘い

血は水よりも濃し、という。他人よりも、血縁の人とのつながりのほうが強い、という意味。これは西洋のことわざから来ている。

Blood is thicker than water.

なるほど。だから、これは日本には当てはまらないはずだ。わが大和の国は、血よりも水のほうが濃いってわけ。

血より濃し植田植田をつなぐ水　　津田清子

田んぼの水を独占している親分を泣き落とし
余り水を……
山が雨を貯めちょるけん
山のもんたい分けあわな
日本の農業は山水と男の涙で回っています

津田は、大正九年生まれの俳人。雨の少ない大和盆地に住んだ。だから、よく分かっている。田んぼと田んぼで分け合った水、あるいは争った水、そういう「水くさい関係」のほう

が、肉親なんかよりずっと、近い間柄になる。

ここで話は、春、桜の散りかけの季節に戻る。

師匠と偶然に出会い、地主の大奥様に話をつけてくれ、さて、明日からいよいよ草刈りだという日。師匠とわたしとが、背丈より高い雑草に覆われた、耕作放棄地の田んぼを眺めていると、ジャガイモを軽バンに載せた、近所の農家さんといきあった。

「こん人ぉ、東京から来んさってねえ、田んぼ作りたい言いよるんよ」

「ほう～。えらかねえ」

師匠が農家さんに紹介してくれる。

行く手に小さな黒雲が

しばらく、師匠とご近所の農家さんが二人で話している。田結弁のネイティブ・スピーカー同士が話す会話は、わたしには八十パーセント分からない。ただ「親分」という単語がたびたび耳に入る。

師匠と二人きりになると、聞いてみた。

「親分っていうのは、この辺で農家されてる方なんですか？」

「うーん。まあ、ええよ。あんたにも、おいおい分かってくっけん」

なんだか歯切れが悪い。遠くの空に、小さな黒雲。

翌日から草刈りを始めて、数日したある朝。わたしの田んぼのすぐ上で、畑仕事をしている老人がいた。七十歳は優に超えている感じか。師匠がすぐに近寄って、あいさつした。

「あのぉ、こん人ね、東京から来んさってねえ、素人なんじゃけんど、田んぼぉ、作りたい言いよっと。いろいろ迷惑かけると思うばってん、堪忍してくんさい」

師匠が仁義を切ってくれる。わたしも、帽子をとって深々とお辞儀した。

「あいやー、なして。そげなことぉ、言わんでくんしゃい、なたぁ」

そのお年寄り、作業の手を止めて、にやっと笑い、なにやら師匠と談笑している。別れ際、自分の足元のかごに入っていた立派なタマネギをわたしに持たせてくれた。

「あの人が、親分ですか？」

「ああ」

「いい人みたいじゃないですか」

「ふーん。そうかい？」

「なにか、せんべいでも、手土産持っていったほうがいいですかね？」

「いらんいらん。意味なか。機嫌いい日は、ああやって話すけんが、へそ曲げよると、おいたちが通りかかったって、そっぽ向いとるたい。あんたがなにしたって、意味なか」

親分との、記念すべき出会いだった。

親分登場

小柄だが、日焼けした顔に深く刻まれた皺。太くて短い指。数十年も土と格闘して、もう洗っても落ちないのだろう、硬い爪が曲がっていて、真っ黒だ。

親分、とにかくまめな人で、朝早くから日没まで、あちこちに分散した畑を見て回って、奥さんと二人、なにかしら仕事をしている。機嫌のいいときはにこにこしているが、ご機嫌斜めのとき、奥さんを怒鳴りつけるその大声が、あたりの低山に反響して、こだまする。

わたしと親分の田んぼの脇に、幅数十センチの側溝があり、水が絶え間なく流れている。山から流れ出る水だ。澄んでいて、冷たく、飲んでもいいくらい。流れはさほど太くもないのだが、小さな田んぼの五つや六つを潤すには、まあ十分な水量なんじゃないか。

初夏のある日。いつものように田仕事を終え、その側溝で長靴を洗い、顔を洗っていると、「ほらぁ、見てみい」と師匠が言ってきた。

山水が流れてくる側溝の底に、握りこぶしほどの穴が開いている。水の引き込み管だ。そこから水を引き込んで、親分の田んぼに流れる仕組み。親分の田より一段下にあるわたしの田んぼにも、水管はあるし、そのことじたいにはなんの問題もない。

「そこやない。ここやて」

師匠が指さすのは、親分田んぼへの水管の横に、かすかにコンクリが塗ってある。コンクリで盛り上げて、ほんの小さな山、というか壁のようにしてある。親分の水管には、いまはふたがしめてある。だから、水は問題なく下流まで流れる。しかし、ふたを取ると……。

ここを流れる山水は、大雨でもあれば別だが、晴れの日には、ほんの少し。ちょろちょろ、程度の細い流れになる。それでも、一年三百六十五日二十四時間、休まず流れてくるのだから、山と森の保水力というのは大したものなんだけれども、しかし、だ。親分が引き込み水管の穴のふたを全開にしてしまえば、わたしの田んぼの引き込み穴まで、水は流れてこない。

「ほんとはこげんことしたら、いかんとさね。みんなも、まあ、見て見ぬふりたい」

師匠が小さくため息をつく。わたしの田んぼは、耕作放棄地になって三年経っている。三年前までは、地主家の大旦那さんが健在で、毎年、米を作っていた。だから、こんなこともなかった。しかし、この三年で田を作る人も現れず、その間に、どうやら親分がセメントを塗って壁を作り、水が足りない猛暑の夏などには、自分のところだけに水が優先的に流れるように細工したようなのだ。

だめじゃん。どうすんのよ、これ?

水争いはいまもある

以前書いたように、わたしの田んぼにはあぜ波というプラスチック板を埋め込んである。田んぼにとって命の水を、取りこぼさないようにする文明の利器だ。

そのあぜ波を埋め込むにあたっては、ツルハシふるってシャベルで土を掘り起こし、えらい苦労したもんだった。なんだってこんな大仕事をわざわざするんだろう?「水争いっていうのが、やっぱりこの辺の集落にもあるんですか?」と、そのとき師匠に聞いたもんだった。

「そりゃあるさ。だんだん、あんたにも分かりよるたい」

なんとなく煙に巻かれたのだが、なるほど、こういうわけだったのか。

師匠が子供の時分、「代わり水」というのがあったんだとか。農業用水から水を引くのだが、日照りの夏などで水が足りなくなると、用水を利用している集落の農家で、代わりばんこ、順番に水を引くように決めごとをした。

しかし、夜中などに不心得者が、水を引き込むふたを勝手にいじって、順番を飛ばして自分の田に不当に水入れすることもあった。だから、師匠たち子供が、夜中に交代で寝ず番の見張りをしたんだそうな。いつの時代の話だよ。

じっさい、「水盗む」は俳句の季語にもなっている。

水盗む酒量いささか増えにけり　湖舟
水盗む道の半ばに地蔵かな　湖舟
水盗む猫に目撃されており　平田ゆきみ

（二〇一五年五月二十九日「週刊金曜日」）

わずかな水をつかまえる

それはさておき、親分がセメントで細工してしまった水路のほかに、それとは反対方向の石垣から、ほんのわずかだが、わたしの田に流れ込んでくる別の水路があるようだった。師匠の言いつけで、わたしが田んぼの周りの雑草を刈っていたとき、師匠がめざとく発見した。

水路、というほどの勢いはない。流れ込むというのも大げさで、じっと目をこらせば、ほんの少しずつだが、水が動いている「ようにも」見える。ごく頼りない流れ。

なき如き滴りにしてとどまらず

中田剛

昔の人はよく知っていたもんで、こんな「なき如き」ような「滴り」でも、しかし、二十四時間休みなくもれてくる。日照りにでもなったら話は別だが、もしかしたら、この滴りだけでも、わが田んぼの水をまかなえるかもしれない。また、それがための、あぜ波でもあったのだ。師匠の、先見の明。

地の人である親分と争っても、勝ち目はない。わたしたちはこのわずかな水が田にスムーズに流れるよう、工夫することにした。シャベルで土を盛り上げ、堤防を作り、その堤防を足で踏み固めて、水が漏れないようによくこねる。石垣からしみ出る水を、わが田に引き込もうとしているのだ。

この期に及んで、土からミミズが出てくると「うへっ」とかいって腰が引けている。んなこと言ってる場合かよ。わがことながら、情けない。

苦労して築いた、水の通り道。これがうまく機能してくれれば、親分が側溝からの水を独り占めしようとどうしようと、どうぞご勝手に、ですむ。

しかし、いくら二畝の小さな田んぼとはいえ、この、水漏れみたいな滴りだけで、ほんとうに足りるのか。

「まあ、まだ田植えまでは間《ま》があると。試してみようや」

師匠にさとされる。

親分と、うまくやる

理屈を言えば、水路からの山水を全部、親分にもっていかれる道理はないと思うのだ。しかし、師匠も、この土地の人だ。近所に住む親分ともめて、いいことがあるわけない。むしろよそ者は自分のほう。自分が、早く「地の者」と認められなきゃならないんだ。

山水しか使えない。しかし、水は親分に押さえられてる。解決策はひとつ。

親分と、うまくやる。

山村では、水の利用はもちろん、田植えの時期も、農薬散布の有り無しも、周囲との協調で決まっていく。

そもそも田植えの時期にしてからが、集落ごとに、あうんの呼吸で日程が決まる。わたしの田んぼは、師匠に指示されて、田植えを六月第二週と決定された。それは別に、その週に必ずしなければならないという、明示的な決まりがあるからではない。わたしの田んぼの周辺は、毎年そのあたりにする、という暗黙の了解が集落にあるのだ。

師匠の田んぼは、わたしの田から歩いて五分ほどの場所にある。そこはそこで、また、毎年、六月第一週といったように、なんとなく決まっている。だいたい周りと時期をそろえて田植えをしなければ、具体的に困るのだ。

自分だけ先に田植えをしたいと思って、やってやれないことはないが、そうすれば先に苗が育つ分、害虫が発生すれば、まっさきに自分の田がやられることになる。農薬の散布や、追《お》い肥《ごえ》（追加的にまく肥料）の要不要も、同じ時期に植えた周囲の苗の生育具合と見比べて判断することになる。自分だけ別の時期に植えていたなら、そういう比較判断さえできない。

なんとなく。

空気を読んで。

周りとだいたいおんなじに。

農村部落の黄金律だ。実はこれ、わたし自身がもっとも忌み嫌っていた、行動原則でもあったはずじゃないか。

協調性のなさに自信あり

自慢じゃないが、協調性のなさは筋金入りだ。小学校のころから、通信簿の成績欄で、協調性の評価は「C」判定。友人もいるにはいたが、たいてい、一人で遊んでいた記憶がある。中学・高校と、サッカー部に所属したものの、合宿だったりミーティングだったり、団体行動が鬱陶しくて、高校の途中でやめた。だいたい、部活が終わったあと、みんなで歩調を合わせて駅までちんたら歩いて帰る、あれが決定的に駄目だったのだ。歩くときは、自分のペースで歩きたい。

以来、チームスポーツはどうもだめで、社会に出てからもスポーツは水泳、サーフィン、自転車、筋トレと、どれも一人でできるものばかり。

新聞社に入ってからもつるむのが大嫌いで、チーム取材は大の苦手。一人で企画し、一人で取材し、一人で書き上げる。思えば、そんな仕事ばかりやってきた。そもそも会社になるべく立ち寄らない。同僚との無駄話も、仕事帰りの一杯も、部会も送別会も忘年会も、なるべくしない、出ない、つながらない。

孤高気取り。

そう言われれば、まあ、そのとおりだ。認める。

ただ、これは自分だけでもないはずだ。いまを生きる都市労働者は、多かれ少なかれ、自分の仕事の範囲しか見えていない、分節化された労働を生きている。

カフカが友人への手紙に、こう書いている。

　知的な仕事は人間を人間の共同生活から引き離す。手仕事は逆に、人間を人間の仲間へと導きます。作業場や庭の仕事ができなくなったのが残念です。

（グスタフ・ヤノーホ『カフカとの対話』）

グローバリゼーションの避けがたい帰結のひとつは、日本など先進国から、第一次、第二次産業の仕事が急速に溶けて、消えていくことだ。人件費の安い新興国に、製造業の拠点は移っていく。だから、日本ではおおかたの雇用機会は、第三次産業に求めるほかない。「手仕事」から離れ、サービス業、つまり、いくぶんかは「知的」な仕事に就かざるを得ない。

人間を人間の共同生活から引き離す仕事が、まずは大半なのだ。

人はみな歯車なのだ

また、現代のサービス労働は、高度な分業も特質のひとつだ。仕事の全体像なんて、経営者以外、だれにも見えていない。目の前にある丼に、ご飯を盛って牛肉をかけて、お客に出して、会計をする。それをワンオペ、一人でやっていたところで、巨大な外食チェーンの、巨大なベルトコンベアーの、ごく末端の歯車仕事にしか過ぎない。

程度の違いはあるが、「知的な仕事」やサービス産業では、みんな、自分の目の前の仕事しか見えていない。生産性を上げるため、労働は、高度に分節化されていく。

ところが田仕事はまるで違う。田んぼで、「おれは協調性なしでいきますんで。そこんとこよろしく」で済むんなら、世話はない。田仕事こそ、人間と人間の協働で営まれる仕事だ。人間を人間の仲間へと導く、究極の「手仕事」。人間関係こそ、農作業の最初で最後だ。

以来、親分を見かければ遠くからでも走って近寄り、でかい声であいさつするようになった。毎朝田んぼに顔を見せ、「都会もんの遊び半分じゃありませんぜ」と態度でアピールする。東京などへの出張帰りには、せんべいなど安い土産を買って持っていく。親分は逃げて受け取ろうとしないのだが、そこは無理やり、親分の軽バンに押し込んでしまう。

話の糸口にと、自分の田の水や土の具合を質問してみる。つまり、つながろうとしている。手仕事は、人間を人間の仲間へと導く。そんな見え透いた努力をしているうち、親分にはまだ逃げられるが、ほかの近所の農家さんからは、話しかけられるようになった。「えらかねぇ」なんて、笑ってど素人仕事の経過を見てくれる。助言をくれる。

親分に泣き落とし？

六月上旬。石垣からしみ出した水だけで、乾ききった田んぼが、水たまりの泥田ぐらいには、どうやらなってくれた。ところどころに地肌が見えるくらい。これぐらい水が張っていれば、手押しのテーラーでかき回せば、泥んこの粘土状になって、保水もきく。

六月中旬。いよいよ、田植えの直前となった。この時期には、田には水が張《みなぎ》ってなければならないのだが、少し、足りない。まだ乾いた地表が、ところどころに見えている。

側溝の水は、すべて親分のところにもってかれている。やはり、石垣からしみ出してくる滴り水だけでは、わずかに、田植えまでには足らなかった。

最後の最後、どうしても水が手に入らなかったらどうする？　親分に土下座するか？　あるいは、泣きまねでもしてみる？　事ここに至っては、それぐらいの覚悟はできていた。しかし、「余所者《よそもん》」のわたしがかけあって、なにかパフォーマンスをするよりも、ここは「地元者《じげもん》」同士が話し合わないと進まない。

師匠が、親分に頭を下げにいってくれた。

地元者同士が話しているのを横で聞いていると、田結弁がきつくて、さっぱり分からない。単語などから推測すると……。

親分の田に水が十分たまったら、その余りの水を、下側にあるわたしの田にも落としてくれないか——。およそ、そんなことを頼んでいるみたい。実際、親分の田の水は、もうすでに満々と水をたたえて、田植えに向けて準備万端、整っている。

「そぎゃんゆうたっちゃ、おいの田が干上がるな、なたぁ」

「そいけんが、余り水をぉ、田から落としてくれたらよかとですよ」

「そんな言うなら、あんたが水を落としたらよか」

「人ん田の水口《みなぐち》は、触わられんたい」

最後、口げんかのようになっている。

「おいは、いろいろやることがあるけん」

ほとんど捨て台詞をのこして、親分は軽バンに乗ってどこかへ行ってしまった。出ぎわ、自分の田への水管にがっちりふたして閉め、一滴も入らないようにしていった。そこまでしなくてていいのに。半分、水をくれればよかったんだ。怒らせちゃったみたい。

師匠も、「もう、放っとけ。言わんがましじゃ」と、少しむっとしている。地元者同士に、ちょっとしたいさかいを起こさせてしまった。ほんと、申し訳ない。

村は「結」でできあがる

でも師匠、山水って二十四時間年中無休で流れてくるの？

「ああ、そうたい」

どうして水が途切れない？

「山が雨を貯めちょるけん」

じゃあ、そもそも誰のもの？

「山のもんたい。分けあわな」

師匠が語ってる。田人には、どうも「語る」人が多いみたい。これは、師匠語録その一。

繰り返しになるが、理屈を言えば、山の水がすべて親分の田んぼに流れるように細工してあるのは、どう考えてもおかしいことだ。

しかし、ムラ社会では、そんなふうにことは進んでいかない。なんといっても親分は、この地でもう何十年も、継続的に米を作り、野菜を作っている。かたやわたしは、都会から来た変人。今年、来たばかりだし、いつまで続くか、最後までほんとうに米を作るかどうか、分からない。

つまり、親分は共同体で人間関係を結んでいる。わたしは結んでない。農村共同体は「結《ゆい》」でできあがっているのだ。

共同体では、人間関係がすべてだ。水だけの話ではない。肥料や農薬の決まりごと、台風や大水などの防災、イノシシの駆除、それに農作物どろぼうへの警戒なども、地域の農家が共同でやってきた。介護やら子育てだって、したり、されたりしてきたに違いない。

共同体とは、そういう人間関係、ギブ・アンド・テイクの浮世の習いが、網の目のようにからまったネットワークのことだ。「結」なのだ。そして、東京・渋谷生まれのわたしが慣れ親しんだ、都会の〈近代社会〉というやつは、こうした網の目、「結」をことごとく断ち切ることに邁進《まいしん》してきた社会だとも言えるのだ。

地方の村落共同体は、助け合いはするが、そのぶん、ムラのしきたりも守ってもらう。四方八方、気を配って暮らして、同調圧力の強い世界。「今度の選挙、自民党の○○先生、よろしく頼むたい。農道も通してもらったけんが」なんていう光景も、ふつうにあったろう。

そして、わたしが長年、籍をおく新聞社は、そうした共同体のしがらみを批判してきた言論機関だ。因習にがんじがらめになった「ムラ社会」を批判する。利益誘導型の政治家と官僚をのさばらせているのは、地方の村落共同体である。そう断罪する。

断っておくが、わたしはここで、昔ながらの村落共同体主義と近代主義とを対置して、どちらがいいとか、こっちにすべきだと言っているのでは、ない。もう少し、体感的なこと。

サーフィンをやっていたのだが、広い海で、いくらでもやってくる波に、自由に乗れる個人スポーツだと思ったら大間違い。サーファーほど地元意識、共同体意識の強い集団もない。

その海でいちばん偉いのは、地元に住んで、長いこと波に乗り、浜辺のゴミを自主的に掃除したりもし、ときには、釣り人や海水浴客相手とのもめ事を仲裁したりもする、つまり地の人。こういうサーファーを相手に、波に前乗りしたり、顔をつぶすようなことをよそ者がしたら、袋だたきにあう。いい、悪いじゃない。海に入れば、そういうもんだろうと思う。海では、新人が、いちばん弱い。

田んぼだって同じだろうな、という体感だ。田んぼに立てば、新人が、いちばん弱い。いい、悪いじゃない。そういうもんだろうと、ただ、感じる。

「自己責任」原理主義

もうひとつ。

近代主義は、村落共同体に勝利してきた。地方のうっとうしい人間関係、因果の鎖を切る。古くさい共同体が機能しなくても、豊かに暮らしていける社会を作る。都会で福祉や子育て、教育の社会制度を整える。「自由で自立した個人」という、近代市民社会の原理を実現させていったのが、日本の戦後七十年だ。

村落共同体の、どろどろした人間関係から自立せよ。個人として立て。個性が、なにより大切だ――。それが近代社会の運動原理だ。

一方で、自民党の金城湯池であった地方の村落共同体は、いまや消滅寸前だ。農道を造り、漁港を整備し、カネと雇用を公共事業で地方にぶんどってくるという財の分配は、もはや限界。破綻している。

近代主義を徹底し、村落共同体を解体していった運動の帰結が、わたしらの生きる、現代社会である。「自己責任」原理主義。ゆりかごから墓場まで、自分のことは自分で。小さい政府がいい政府。格差があるのはいい社会――。

なぜなら、個人は自由である〈べき〉であり、自立している〈べき〉だから。その果てに生まれたのが、たとえば、ガスも電気も止められて生活保護の網の目にもすくい取られずに都会で孤独死する老人であったり、地縁も血縁も社会福祉の網からももれてしまう、自分の体を売ることでしか日々のたつきを得ることのできない、シングルマザーの最貧困女子だったりするのだ。

自由になろうとして、不自由になった。

ムラ社会の解体と、近代主義の勝利とは、そういう自己矛盾をはらんでいるのだ。

師匠の親切なぜなのか

それはともかく、自分の田んぼだ。

親分と喧嘩までしてくれたこの師匠、手土産に持っていったのは虎屋の羊羹《ようかん》だけ。なのに細かい点までよく教えてくれる。農機も使わせてくれている。なぜなんだ。

恐ろしいから聞いたことはないので、想像だが、田作りとは、つまりアートだからなんじゃないか。英語の「art」には、音楽や美術など芸術という意味があるが、それ以外にも、手仕事とか、熟練、腕、技という意味もある。アートの語源は、ラテン語の「ars（アルス）」で、技術や資格、才能という意味だった。ars のそのまた語源は、ギリシャ語の「techne（テクネー）」。テクネーとは、すなわち、テクニックの語源。だから、アートとは、芸術というよりむしろ、語源としてはテクニック。腕。

であれば、いままで教えてもらってきた田仕事こそ、ほんとうの「アート」だ。草刈りに始まって、田起こし、あぜ波、代かきと、それぞれに細かい技芸、テクがあって、またやり方のコツも、農家によって微妙に異なってくる。師匠には、師匠の師匠（父親）から教わったテクがある。親分には親分のテクがある。一子相伝みたいなところがある。

しかしいま、そのテクニックを伝えていく相手がいない。生計をたてていけないから、農家なんて継いでくれない。じっさい、わたしの田んぼの地主家の若旦那は、街中の料理店に働きにいっている。師匠のところの息子さんも、本業は自動車屋さんだ。このままじゃ、せっかく伝わってきたテクが、田んぼもろとも消えてしまう。それぐらいだから、どこの馬の骨とも分からないアロハ野郎にさえ、教えるのはやぶさかじゃない。

アーティストにとって、技芸の伝承は無償の悦び。そんな雰囲気がバリバリなのだ。

気を悪くしたような親分だが、結局、その日は水をぜんぶ譲ってくれた。自分の田んぼだけに入るように細工していた側溝の配管に、自分でふたを閉めた。

師匠と二人で、親分が自分で閉じて去った、側溝の配管のふたを見ていた。これで、親分のところには一滴も入らないようになってしまった。山からの冷たい水は、勢いよく、わたしの田んぼに流れ込むようになった。水をもらえるのはありがたいが、まあしかし、わたしとしても、水を独り占めするのは本意じゃない。半分、分けてくれればいいだけなんだ。

「師匠、この、親分のところのふたですけどね、開けていったほうがよくないですか？　水は半分でいいんだし。全部、こっちにもらっちゃ、悪いでしょ」

「ええて、ええて！　自分で閉めたんやけん、放っとき！」

やはり、よその田んぼの水口《みなぐち》というのは、絶対に人が触ってはいけないという不文律があるのだろうか。師匠はそう言って、親分の水路のふたを、開けようとはしない。

その日、いつものように一時間の農作業を終えて帰るとき。

「やっぱり、あんたが言うごたぁ、半分、流しとこうかね」

師匠はそう言って、親分のところの水路のふたを開けた。側溝にある石をちょっと動かすと、親分の水路と、その下のわたしの田んぼへ流れていく水流とを、ちょうど半々ぐらいに調節できる。

おれは詩人の歌うたい

翌朝。

心配半分、期待半分で、自分の田んぼに駆けつけた。はたして、昨日まで地肌の見えていた自分の田んぼが、水を満々とたたえ、鏡のように平らになっている。朝の陽光を反射する、輝かしきわが田んぼ。

昨日の水争いを聞きつけて心配してか、地主家の若旦那も見に来てくれた。師匠とわたしと三人で、自然、笑顔になる。

「『ここの米は、水がいいからうまいたい』と、親父がよく自慢しよりました」

若旦那が、わたしを励ましてくれる。農業用水を使わず、山から出る水しか使ってないから、味が特別なんだとか。

「冷《ひ》やっこか山水のほうが、川の温《ぬく》い水よりもいいけんが。冷たいから、稲が自分で、育とう、育とうとする。人間と同じたい」

師匠、また語ってる。

水争いの小さな嵐が去り、わたしの田んぼのうえにも、小康が訪れた。

数日後、無事に田植えも終えられた。親分と師匠のおかげ。

あとは細かい見回りだ。苗がまばらになっているところを、手作業で植え増ししていく。苗を食うジャンボタニシを手で取ってつぶす（気色わるい）。雑草を丁寧に抜き取る。

ついでに、親分とこの雑草も、手の届く範囲で切っておく。見ず知らずの農家の人が、軽トラで通りしな、「立派な田やねえ。上等上等」。笑いかけてくれる。

土地と、つながり始めている。結《ゆい》。

「苗の間隔、そこ狭いよ。おもぬくなるとじゃ」

植え増しを横でチェックしている師匠が、注意した。おもぬくぅ？

「狭いところに閉じ込もっとると、根を張らず、稲がせせこましかぁ、なるけんが。人間と同じたい」

だから、詩人かよ。

My only weapon is my pen
and the frame of mind I'm in
I'm a songwriter

A poet
And the things I flash on everyday
they all reflect in what I say
I'm a songwriter
A poet

おれの唯一の武器はペンなんだ
言葉と心のもちようなんだ
おれは歌うたい
おれは詩人
毎日ひらめいたことが
おれの言葉であふれ出す
おれは歌うたい
おれは詩人

（スライ&ザ・ファミリー・ストーン「ポエット」）

第7章 農業神話の偽善を暴く、虫との六カ月戦争

"A weed is a plant out of place." Let me repeat that. "A weed is a plant out of place." I find a hollyhock in my cornfield, and it's a weed. I find it in my yard, and it's a flower.

「雑草ってのは、場所から浮いてる草のことをいう」。もう一回、言わせてくれ。「雑草ってのは、その土地になじんでないやつのことをいう」。トウモロコシ畑で、タチアオイを見つけたとする。そいつは、雑草だ。庭で、同じくタチアオイを見つけたとする。するとそいつは、花と言われるんだ。

おめ〜だれだよそこどけよ!
実はイモリやタニシ、ミミズや虫が大の苦手のアロハ記者
サングラスは視界を暗くして虫を見えにくくする役割も?
イモリ

パルプ・フィクションの巨人、安物雑貨屋のドストエフスキー、ジム・トンプスン。"The

Killer Inside Me"（『おれの中の殺し屋』）より。

かっこいい。あんまりかっこいいから、つい、原文から引いてしまった。そうなんだ。人間なんて、多かれ少なかれ、みんな雑草なんだ。

師匠の流儀　整理整頓

田んぼ仕事で、いちばん単調で、地味で、きつい仕事は、この〈雑草取り〉というやつだ。あぜ道などが草ぼうぼうのまま、田植えをする農家もある。親分なんかが、そうだ。前にも書いたが、田んぼ作りというのは一子相伝のアート仕事。流儀は、人それぞれ。

うちの流派、つまり師匠の流儀なんだが、それは、きれい好きというか、整理整頓がまずは第一。師匠、だらしないのが嫌いなのだ。師匠の納屋に入ると、農機具も道具も、あるべき場所にあるように、きちんとたてかけてあり、その順番は決して前後しない。

師匠の軽トラだってそうで、荷台はコンパートメントで仕切られ、道具が整然と収まっている。わたしのおんぼろ軽トラも、まあ別に、荷台は雨ざらしだってほんとうは構わないわけだが、師匠に言われて、トラックシートを買ってきて、ゴムひもで雨が入り込まないよう、ぴったり結わえ付ける。また、これだけだとシートの上に雨水がたまって、水たまりを背負いながら走るという、はなはだみっともないことになる。二メートルほどの木を軽トラの荷台、トラックシートの下へ背骨のようにして渡し、シートに傾斜を作り、水たまりにならないようにする。「農夫は見た目が九割」だ。

道具をきちんと整理整頓。

師匠の流儀は、じつはわたしのライター道の流儀にもかなっていて、自然に溶け込めた。ライターにとっての道具とは、なにか。言葉だ。言葉を道具箱にきちんとしまい込んで、いつでも使えるようにしていなければならない。

ホラーの巨匠、スティーブン・キングには、大工のオーレン叔父がいた。八、九歳の、ある夏の日のこと。家の裏手の網戸が壊れ、オーレン叔父が交換するのを、スティーブン少年は手伝った。

オーレン叔父さんは、三十〜五十キロもあるような重い道具箱を片手に、家の裏手へ回った。網戸の破れたところへ着くと、叔父さんはキングに、道具箱からドライバーを出すよう言いつけた。作業が終わると、叔父さんはキングにドライバーを渡し、道具箱にしまっておくように命じた。

しかしキングは、納得いかない。ドライバー一本で済むのなら、なんであんなに重くてぎょうさんな道具箱も持ってきたの？　ズボンの尻ポケットにドライバーを突っ込んでくればいいいだけじゃない？

「ああ。でもな、スティーヴィー」叔父は屈み込んで道具箱の取っ手を掴みながら言った。「何があるか、ここへ来てみなきゃわからないからな。だから、道具はいつも、全部持っていた方がいい。そうしないと、思ってもいなかったことに出っくわして弱ったりするんだ」

存分に力を発揮して文章を書くためには、自分で道具箱を拵《こしら》えて、それを持ち運ぶ筋肉を鍛えることである。（略）

祖父の道具箱は三段だった。物書きの場合は、少なくとも四段ほしい。（略）

よく使う道具は一番上の段にまとめる。何はともあれ、文章の主体は語彙である。語彙に関しては、遠慮なく手当たり次第に掻き集めて、何を恥じることもない。

（スティーブン・キング『小説作法』）

いい道具＝言葉を集める。整理整頓する。そいつを、いつでも持ち歩く。持ち歩くための筋力＝文体を鍛える。工夫と農夫と書夫と、変わるところはない。

「耐え忍ぶ」労働でなく

……雑草の話だった。

まあつまり、師匠の流儀はきちんと整理整頓、見た目もきれいに、なわけだから、田んぼのあぜ道や石垣、水路に雑草が伸び放題というのは、問題外なのだ。

無事に田植えを終え、日差しがきつくなる六月下旬。ほかにすることもないので、毎朝、田んぼに着くと、せっせと指でつまんで抜く、雑草取りをすることになる。

野球やサッカーの部活にたとえれば、雑草刈りは、球拾い、もしくはトンボかけ。上級生に命じられて、嫌々ながらするもの。

……と、思っていたのだが、実はそうでもない。

球拾いが、球拾いでなくなる。どういうことか。

現代の人間は分節化された労働を生きている。自分のやっている仕事は、巨大なコンベア仕事のごく一部。小さな歯車仕事だ。全体像を見ていない。自分がいなくなったら、別の歯車、部品が、すぐに補充される。つまり、自分なんか、いてもいなくても、どっちでもいい。

そうした労働が、「食うため」にするもの、生きるために「耐え忍ぶもの」となるのは、むしろ当然だ。

ヘーゲルが『精神現象学』で書いている。すでに古代社会から、人間世界は主人と奴隷とに階級が分化していた。奴隷は主人のために、日々、労働に従事する。そのためには、奴隷は毎日、「死の不安」にさらされている必要がある。

「死の不安」は人間社会の土台をなす、根本契機だ。もしも人間に「死の不安」がなかったら、どうなるか。そこには、秩序だった労働もなくなり、富の蓄積もなくなり、したがって権力もなくなる。その必要がないからだ。だから、そうした「死の不安」から始まった労働が、「がまんするもの」「耐え忍ぶもの」になるのは避けられない。

雑草刈りさえおもしろい

話がおもしろくなるのはこれからだ。

田んぼに朝一時間だけ立つわたしのこの労働も、もともとは「死の不安」から発したものだった。雑誌がばたばたつぶれていく。出版界が、毎年、縮小している。原稿料も右肩下がり。もうライターなんてこの世の中にいらないんじゃないか？　そんな「死の不安」を抱えつつ、なんとしても、書くことにしがみつこうとして始めた。米さえあれば、とりあえず死にはしない。自分一人が一年食うだけの米を、朝一時間だけで手に入れる。そうすれば、雑誌がつぶれようと、業界で干されようと、ライター仕事を手放さないで、人生をまっとうできるんじゃないか。

ところが、だ。「死の不安」から始まったこの田んぼ仕事というやつは、最初から最後まで、草刈りから収穫まで、労働の全体像が見える仕事だった。自分の手を動かさないと、この労働コンベアは回っていかない。だれかと分業しているわけじゃない。働き手は、自分一人。

すると、労働の部分のひとつひとつ、いちばん地味で、きつくて、つらいと思われていた雑草取り仕事が、つらくなくなる。むしろ楽しい。球拾いが、球拾いでなくなる。

自分が自分に命じて、雑草刈りをしている。雑草刈りなんかしなくても、米はできるんだが、師匠の流派だから、朝、一時間は草を刈る。そうすると、田んぼが、光ってくる。

ほかの農家は、水田だけにそれほど手をかけられない。田植えが終われば、もう、水かさをチェックしに来るぐらい。

一方、わたしの田んぼは、毎朝、部活で練習もないのに新入生がやってきて、小石拾いやトンボかけをしているグラウンドみたいなもの。どんどん、きれいになっていく。それが、米の収穫量に関係あるかと問われれば、関係ないんだろう。しかし、自分の気持ちは、いい。すがすがしい。疎外された労働では、もはやない。自分が、やりたくてやっている労働に、いつしか変質している。

田では、雑草刈りでさえ、おもしろい。

気色悪いくず野郎

なーんて、かっこつけたことぶっこいてると、すぐに出てくるんだ。雑草刈りを、「やりたくない労働」「耐え忍ぶ歯車仕事」に変質させる、気色悪いくず野郎ども。

石垣の雑草を刈っている途中で、狭い水路に、黒くてでっかいイモリが、水たまりにじっとして動かない。

「おめーだれだよ、そこどけよ。おれの田んぼだぞ」

野郎に向かってしゃべりかける。シャベルで脅してどかそうとしても、動かない。

「おまえこそだれだよ」

イモリが、そんな目をして、こっちをみつめている。まあ、たしかに、田んぼはこいつのもんかもしらん。自分こそ、よそ者、新参者。

シャベルをぶつけてどかすこともできない。まぐれで当たって、体を切ってしまいそうで怖いから。あとでシャベルを手で洗えない。腰ぬけ。

虫、両生類、爬虫類。田んぼは、気色悪い変態野郎どもの宝庫だ。

田んぼに立ち始めた四月。雑草でぼうぼうになっていた耕作放棄地を草刈りし、土にあぜ波を埋めて、水路を整備した。

師匠に、水路を掃除するよう命じられる。シャベルでさらえようとしたら、「違うたい！」と怒られた。

師匠が素手で、水路の底まで手を突っ込み、草や小石やをのけて掃除していく。小さなカニやらなにやらが、手に引っかかって、うじゃうじゃ出てくる。それを集めて、捨てるのだ。

「こいつが、苗を食うけんね」

そういってつまみあげ、地面で踏みつぶす、どでかいタニシ。ジャンボタニシという。きつい。これが、いちばんきつい。なにがいるか分からない、こんな泥の中に手を突っ込めば、もっといろいろ出てくるだろう。うげぇ。

自分は、卑怯ではないと、思う。喧嘩になって、逃げたことは、ない。男三人兄弟の真ん中で、兄も弟も、むちゃくちゃ悪かった。自分も、強面《こわもて》ではあっただろう。ただ、虫だけはだめなんだ。

雨上がり、道でミミズがへたばっていると、体が硬直し、道を大回りして迂回した。高校の生物の授業でカエルを解剖したときは、女子生徒に白眼視されながら、教室を抜け出してばっくれた。貧乏で、ナメクジやヤモリが出るボロ家で育った。ほんとうに、心の底から、その家を脱出したかった。

田んぼに虫がいるのは、当たり前だ。田んぼとは、ミミズの巣窟、カエルの王宮、ヒルの待合室のことだ。そこに、自分は足を突っ込もうとしている。

ここで都合のいいテレビドラマだったら、最初、虫嫌いだった都会育ちの男も、田んぼに慣れ親しんでいるうちに、自然と溶けあい、虫も平気になり、今度はむしろ、虫をとっつかまえて食べちゃったり……ってな展開になるんだろうが、絶対、そうならない。そうはさせない。嫌いなものは、嫌い。そこは、譲らない。

だらしない？　認める。ヘタレ？　自分でも、そう思う。

しかし、嫌いなものは仕方ない。いやなものは、いやなんだ。

へんなことをいばっているようだが、虫嫌いを直すつもりは、ない。何度も言うが、プロの農夫になるんじゃない。プロのライターでいるために、朝だけのオルタナ農夫として、自分の食い扶持を稼ぐ、という考えなんだ。田舎に来て田を耕すくらいで、急にエコでロハスでスローライフになって、どうすんだ。

インチキに違いないのさ

六月。梅雨入り。勝負はこれから。もっとも恐れていた「天敵」と、対峙するようになる。虫どもの天下の季節。

水路を造り、堤防に土を盛り、その堤防の壁を、足で踏み固める。水が漏れないように、粘土状にしているのだ。

シャベルで掘って泥土からじゃんじゃん出てくるミミズに、この期に及んで「うへっ」とかいって、腰が引けている。その土は投げない。あとで踏み固めるのが怖いから。

暑い盛りの日。石垣の雑草を刈っていた。石垣の壁に沿って、左手で雑草をつかみ、右手で草刈り鎌を走らせる。十分もすると、滝の汗だ。その、右手と、左手の間から、黒くてぶっ太《と》いヘビが、ずさっと音を立てて落ちてきた。

体が固まる。

ダメの、また下のダメ。いわば本物のダメ人間。

「おめーなんか、飢え死にしてしまえ！　なんちゃって農夫！」

自分で自分に毒づく。

新規就農者へのアドバイスもしている、農学者の神門善久氏が書いていた。草の声、虫の声が聞こえない人間に、農業は向かない。そして、それは、たぶん正しい。

じゃ、おれは百姓をやめるのかというと、これが、やめないんだな。インチキ？　確かにインチキだと思う。しかし、生きなければいけないんだ。

とにかくね、生きているのだからね、インチキをやっているに違いないのさ。

（太宰治『斜陽』）

農業のことなど、なにひとつ知らない。虫をさわれない。人付き合いも悪く、コミュニケーション能力は限りなくゼロに近い。そういう自分みたいな、ダメのまた下のダメでも、もし米を作れるのだとしたら……。

自分ができるなら、もはや世界のどんなヘタレ、ニート、引きこもり、腰抜け、ネトウヨでも、だれにだってできるはずだ。みんなが生きるためのハードルを下げる。そのための人体実験を、やっているつもりなんだ。だれにも頼まれちゃいないけど。

ヒルに吸われりゃ頭よくなる

六月になってとうとう、わが田んぼに見事に水を張ることができたのは前に書いた。涙が出そうなくらい、美しい田んぼ。田んぼの四囲を見回ったが、どこからも水は漏れていない。しかし、今日からは、この泥水の中を歩いての作業ということになる。もう、長靴は使えない。底なし沼を歩くみたいで、長靴じゃとても足を運べない。ミミズやらヒルやらカエルやら、その他わけ分からん生物がうじゃうじゃいる生物多様性の泥水の中を、ふつうははだしで歩くのだ。

「おいたちは慣れてるけん、はだしで入るばってん、あんたごと、柔《やわ》か肌だと、土負けしよるわ」

師匠に、そう言われる。にやにや笑っている。だれがはだしで入るかよ。わたしの考えていることなんか、お見通しなんだ。

「師匠、ヒルとか、吸われないんですか？」

「そりゃ吸われるたい。血の巡りがようなって、かえってよか」

勝ち誇ったように笑っている。

文明というのはありがたいもので、いまは、田植え足袋という、文明の利器がある。ゴム製の地下足袋で、足の母趾《ぼし》と第二趾の間が割れている。馬鹿の大足、二十八センチの田植え足袋を買ってきた。

もう一人の風変わい

朝の作業を終えて師匠と雑談していたときのこと。

「あんたごたぁ風変わい、もう一人おるとよ」

ここよりもさらに山の奥で、男が一人、田んぼを耕しているのだという。農薬を使わず、独自の農法でやっているらしい。名前は、分からない。携帯電話の番号も、聞いていない。ただし、言葉の調子からいって、地の者では絶対ない。東京あたりから来たんじゃないか？

そりゃ、同志かもしれん。師匠に道を聞いて、わたしの田から車で二十分ほど離れた、細い山道を登っていくルートを教わった。通行人にさえ会わない。かなり、山の中なのだ。

以来、この山中の「原人」探しも、ミッションのひとつになった。毎日、その道を通って帰ることにした。

ある日の午後、師匠に指示され、自治会長のところへ、無人ヘリを申し込むことになった。

無人ヘリとは、おもちゃのラジコンみたいなヘリコプターで、ウンカやカメムシなど、苗に有害な虫を防除するための農薬を散布する。地域の農家でまとまって、農事組合に申し込む。

「おれは、無農薬でやりますから。いらんです」

そう突っぱねる手だって、もちろんあるんだろうが、いずれにせよ、ヘリで近隣の田んぼにまくんだから、風でも吹けば自分のところにも流れてくる。

それよりなにより、土地を貸してもらい、農機具をただで貸してもらい、田作りを一から教えてもらっている身。ここで否やはない。二つ返事、「ヘイッ！」と農協に行き、次に、自治会長さんのところへ回って、申し込んできた。すでに夕刻近くになっていた。

最近は原人を発見しようと、早朝の農作業の帰り道は、わざわざ遠回りして、原人の田んぼの山道ルートで帰っていた。なんとなく虫の知らせがして、このときも、原人の田んぼに寄って帰ることにした。

鬱蒼とした竹林を抜け、人家もなくなった山の中。

……いたよ。

わたしのところの棚田より、さらに山の中に入った、小さな田んぼ。男が一人、なにやら作業をしている。間違いない。

「すいませーん。ここらで有機農法やってる人がいるって聞いたんですけど」

ほんとうはこういうのは大の苦手なんだが、軽トラを降りて、男性に声をかけた。

「有機っていうか……、無農薬でやってるよ」

下のほうの田んぼから勾配をあがり、わたしに近寄ってきて話し始めた赤ヤッケ。米や野菜を作っている。まったくの無農薬。それどころか化学肥料も使わないんだとか。

なんとなくこなれない長崎弁。出身地を聞くと、はたせるかな、東京は池袋だった。

「なんだ、おれも渋谷なんだよ」

打ち明けると、がぜん、親しみがわき、お互いの〝身の上話〟に花が咲く。

原人ことタカムナ氏は、だれでも知ってる大企業に研究職で入社、最初は首都圏の勤務地で、事務仕事に回された。次の勤務地が長崎で、本来の研究職となれた。しかしそこは理系の仕事の厳しさ。数年も現場を離れていると、先端の仕事についていけないんだそう。後輩にも知識の面で追い抜かれ、なんとなく居心地が悪い。だんだん仕事も煮詰まって、人付き合いが苦になってきた。

ふと見れば、周りは美しい田園地帯。最初は趣味としての田んぼ仕事を始めた。車で県内を回り、水のよさそうな田んぼを探した。たどりついたのが、ここ諫早・田結村だったとか。

山の奥のこの土地を選んだのも、単なる偶然。知り合いがいたわけでも、なんでもない。放置されていた田んぼの近くで農作業をしているお百姓に、「ここらで田んぼを作りたいんだが」と声をかけたんだそう。

「こんどの晩、自治会の集まりがあるから、行って、会長さんに聞いてみたらどげんや」

タカムナ氏の偉いのは、そう言われて、ほんとうに自治会の集まりに飛び込んでいったところ。公民館であったのは、集まりと言うより、単なる飲み会。タカムナ氏、そこで自治会長ににじり寄り、自分の気持ちを打ち明けた。相手も酔っぱらっているから「おお、よかよか」ということになった。

タカムナ氏の紹介された畑は、周りに農家もいない。ここなら、無農薬だろうとなんだろうと、周囲に迷惑はかけない。かといって、車や人通りもある道だから、あまりに無法なことはできない。違法な作物でも栽培されたら、周囲も迷惑。当然だ。

なるほど。自分もそうだったが、飛び込み営業でなんとかなるのが、素人の小規模オルタナ農夫だ。

タカムナ氏は、趣味が高じて、とうとう、この春、会社を辞めてしまったんだとか。妻子がいるが、自分たちの食べる分くらいはなんとかなる。会社勤めのころの貯金も、ある。だいたい、田舎ではたいしてカネも使わない。

そしてここが、自分といちばん違うところではある。わたしは、ライターという仕事にこだわってこその、素人農夫なんだ。プロの農夫になりたいわけじゃない。むしろ、素人でいることを忘れちゃいけない。

「お兄さん、いくつ？」

聞かれて正直に「五十」と答えると、驚いていた。

「なんだ、年上かあ。若く見えるね。やっぱり、自由なことしてると、若いんだよ」

ほめ言葉なんだか、微妙なことを言っている。まあいずれにせよ、おもしろいので、携帯電話の番号を交換し、後日、飲むことにした。素人農夫同士。情報交換の相手。

チームワークで防ぐイノシシ

次の朝。快調に田んぼに出勤してみると、近所の農家さんが三人、集まって何事か話している。みんな渋い顔だ。昨夜、イノシシが畑に侵入して、ジャガイモを食い荒らしたらしい。イノシシよけの電流線を張って予防してあったのに、どこからか破られて、入ってきた。

長崎県はどこも、山がすぐ近くまで迫っているので、イノシシ被害がやたらと多い。ジャガイモやタマネギを、食うならまだいいが(よくもないか)、ただ単に、通り道としているようなところもある。明日いよいよ収穫、なんてときに限って、来やがるんだそう。

田んぼも例外ではなく、荒らされる。苗を食うというよりは、水遊びにくる。「遊び」といっても、やつらにとっては真剣で、体中に食いついたダニが、かゆくて仕方がない。そいつのためにくる。

とはいえ、おれの田んぼでやるなよ。師匠に聞いたが、一度でもイノシシに入られた田んぼの米は、食えたもんじゃないんだという。臭いのだ。

師匠の田んぼの周りには、電流線を張っていて、電気を流している。わたしのほうは、メッシュ状になった鉄柵。しかしこれも、わたしの田んぼにだけ張っていても意味がない。隣接する田んぼにすき間なく張り巡らさないと、一カ所でも穴が開いていたら、やつらはそこから入ってくる。自分ところの田んぼだけ、いくらしっかり防護してもだめだ。ここでも、周囲のチームワーク、村の調和が大事なのだ。

「自分のところ、大丈夫ですかね。全体に鉄柵が張り巡らしてあるんでしょうかね」

急に心配になって、師匠に聞く。

「おおかた、大丈夫たい。去年、柵が完成したばかりやっけん。これを押し分けて入るごたぁ、魂はなかろうもん」

まあしかし、電流線をかいくぐるんだから、十分、魂はあるような。

「あしたのジョー」にもなれないで

それからさらに数日後。携帯電話の番号を交換しあっていたタカムナ氏と、山の中の小さな食堂で飲むことになった。

会社辞めたからカネがない、と予防線を張るタカムナ氏に、

「今日はいいよ。好きなだけビール飲みなよ」

いろいろ情報を教えてもらうんだから、ビール代をこっちが出すのは当然だ。

酒が進むにつれて、ただでさえおしゃべりなタカムナ氏の口が、さらに滑らかになる。会社を辞めた理由、将来設計、かみさんとのなれそめやら。もちろん、農業への思い云々《うんぬん》も。

「田舎はカネがかからない」という意見に激しく同意した。タカムナ氏は、ここも徹底していて、今はアパート住まいだが、ゆくゆくは自分で家を建ててしまおうという計画らしい。チェーンソーで大きな木を切り倒し、平らなところに家を建てる。

「今は一〇〇万円ぐらいから、家を建てる部品をホームセンターで売ってんだよ」

唾を派手に飛ばしながら、タカムナ氏は力説する。

「あんた、力ありそうだから、材木運びとか手伝ってよ。自分が建てるときの勉強にもなるじゃない」

手前勝手な理屈だが、まあ、おもしろそうだから、手伝ってもいい。ただ、自分自身で家を建てるってことは、まずないだろうな、と思う。プロのライターにそんな時間はないはずだ。そこは、何度も自分に確認しないといけない。いちばん大事なところだ。

自分は、なぜ東京くんだりから、ここまで飛んできたのか。

自分の目的は、自然に溶け込んで、自然と一体化して、もっと言やぁ、自然を物神化して生きることではない。「エコロジズムは、人類解放の思想である」とは、思っていない。

もう少し、俗なこと。ライターで食っていく、文章を書いて、おあしを頂戴する。その道に、おのれの短い人生を賭けたいんだ。プロとして書き始めて三十年、最近、ようやく分かってきたことがある。文章を書く前は、自分が何を考えているのかも、分からない。文章に組み立て、ようやく、「ああ、おれはこんなことを考えていたのか」と、驚く。考えがあって、文章がまとまるんじゃない。逆。文章という、自分自身の大きな尾っぽに振り回され、自分の考えが分かる。

その自分の思考を、なんとか「商品」となるレベルに鍛え上げ、整え、ヤスリをかけ、包装紙でくるんで、そして、編集者に見てもらう。値段がつくときもある。おあしを頂戴できる。運が良ければ、読者にも届く。読んでくれた人が、笑ったり、泣いたりしてくれることさえある。望外の喜びだ。

そのために、寝る時間を削って、真冬の夜明け前、湯たんぽ抱え、いま、こんな原稿も書いているんだ。

縁なき衆生に言わせれば、「なにが悲しくて、寝ないでこんなの書いているの？」となるだろう。しかし、自分は、使命感とか、義務とか、責任感で、こんなことやってるんじゃない。楽しいんだ。震えるんだ。文章を書いているときだけ、燃えるんだ。燃えて燃えて、骨さえ燃えて、真っ白な灰になっちまうぐらい、燃え尽きてしまいたいんだ。

まるで「あしたのジョー」だが、つまりだ。「農夫」に燃えているんじゃない。「ライター」に燃えている。農夫は、ライターをあきらめない。ライターという槍を、一生振り回し続けるための、鎧《よろい》、もしくは盾だ。ライターをあきらめない。土には、それぐらいのわがままを許してくれる度量があるんじゃないか、太っ腹なんじゃないのかという予感があった。その予感が、確信に変わってきつつあるこのごろなんだ。

テイストが違うんだ

ところで、タカムナ氏はなぜ無農薬にこだわるのか。いわゆる「自然農法」本に蒙《もう》を啓《ひら》かされたのだという。川口由一《かわぐちよしかず》『妙なる畑に立ちて』や福岡正信《ふくおかまさのぶ》『自然農法　わら一本の革命』、『奇跡のリンゴ――「絶対不可能」を覆した農家木村秋則の記録』とか。

たまたまいま手元にある雑誌をひっくり返しても、脱サラしてペンションオーナーになった元商社マンの記事が出ている。川口氏らが提唱している自然農法、つまり「耕さない、草や虫を敵としない、肥料や農薬を与えない」栽培法で野菜を作り、宿泊客に出しているそう。屋外にコンポストトイレがあって、下水を使わずに大小便は発酵させて堆肥にする。天ぷら油はトラクターの燃料に、花の水やりは雨水を、洗濯にも洗剤をなるべく使わず、木炭と塩を使う。なかなか徹底している。

「エコロジー、オーガニック、自給自足にスローライフ。今ではお馴染みのロハス（LOHAS=Lifestyle of Health and Sustainability／健康と環境に配慮した生活）な暮らしを、実践している」

記事は、そう語っている。

「生態系を壊さずに野菜を作る自然農では、草も虫も敵じゃないんです」

うん。

いや、断っておくが、自分はこれをディスるんじゃない。こういう生き方も、ありだと思う。尊敬する。立派だと思う。そして同時に、自分にはできないな、いや、自分はしないな、とも思う。テクニカルに「できない」と言っているんじゃない。なんていうか、その……テイストが違うんだ。

タカムナ氏に問われ、自分のところの田んぼ事情を話す。まったくのど素人で、右も左も分からないんだから、師匠に言われるまま。いちばん最初にやったのは雑草刈りだし、テーラーで二度も田起こしし、化学肥料も景気よくまいた。農薬散布のヘリも、数日前、近所の自治会長さんのところへ、申し込んできたところ。

タカムナ氏、完全に引いているのが分かる。うっすらと笑いを浮かべ、「おまえ、なにも知らないな」という顔をしている。気持ちは分かる。ふつう、脱サラまでして農業をしようという人は、それこそ、エコでロハスでスローライフ志向なはずだ。

有機農業三つの神話

本書を書く直接のきっかけになった連載は、「アロハで田植えしてみました」というふざけたタイトルで、朝日新聞に掲載していた。そのときの、反響がすさまじかった。圧倒的に多くの手紙をもらい、ありがたくも好評であった。しかし、一通、激越な手紙も舞い込んできた。農薬を使っているということを正直に書いた回で、「いままで面白く読んでいたが、農薬とはなにごとか。朝日新聞でも、農薬の危険性はなんども繰り返し書いていたはずだ」といった内容で、記事の全否定。社の幹部は連載をやめさせるべきだ、という。おまえ、社論と違うことを、なに、いけしゃあしゃあと書いてるんだ、ということだろう。

社論と違うことを、わたしがいけしゃあしゃあと書くのは、いつものこと。また、農薬使用を絶対に許せないと考える人がいるのは知っているし、その人たちの判断を間違っているというつもりも、ない。そういう立場もあり得るだろう。

ただ、わたしは、「日本の農薬の基準は世界一厳しい」という、エコ派に言わせりゃトンデモな〝俗論〟を、わりと素直に了解している。ここは、「なんちゃって農夫」のわたしなんかより、じっさいに有機農法で野菜を作って成功している、専業農家の話を聞いたほうがいい。

世の中の人々が持っている、有機農業に関する誤ったイメージを、僕は『有機農業三つの神話』と呼んでいます。

（久松達央『キレイゴトぬきの農業論』）

三つの神話とは、「有機だから安全」「有機だから美味しい」「有機だから環境にいい」というものだ。

同書によれば「有機だから安全」は事実ではない。有機農業が危険だと言っているわけではなく、有機農業は、適正に農薬を使ったふつうの農産物と同程度に安全だ。

農薬の毒性を示す数字で最も重要とされているのは、ADIだ。「Acceptable Daily Intake」、つまり許容一日摂取量。これを、平たく説明すると、こういうことになる。仮にある農薬が、関連するすべての農産物に基準値上限まで残留していたとする。それを一生涯にわたって毎日、国民平均の百倍食べ続けたとしても、動物実験で健康に影響が出ない範囲に収まる。

現実にこういうむちゃくちゃな食べ方をしている人はいないだろう。だから、このADI基準値さえも信用できないという人は、それは個人の趣味趣向、信心の問題だろう。

レイチェル・カーソンの遺言

農薬・殺虫剤問題が、一般にも広く知られることになったのは、レイチェル・カーソンによる一九六二年の世界的なベストセラー『沈黙の春』が大きかった。殺虫剤や農薬に使われたＤＤＴという有機塩素化合物の危険性を、いち早く知らしめた。カーソンは、ＤＤＴが広い範囲で大量に散布されれば、有機化合物を分解する自然の浄化作用が働かず、蓄積されてしまう危険性を指摘した。

金字塔の仕事だ。

そのことに、いささかの変更もない。しかし同時に、二〇〇六年になって世界保健機関（ＷＨＯ）が、地域を限定しながらも、ＤＤＴ使用を推奨するようになったことも、知っておく必要がある。マラリアの罹病《りびょう》数は、ＤＤＴの散布中止から急激に増え出した。とくに、東南アジアやアフリカなどの貧困層に猛威を振るった。安くて効果的なＤＤＴを使えないとするなら、その規制が直撃するのは、貧困層なのだ。

環境保全リスクをゼロにしようとすると、こうやって反作用が起きる。リスクゼロという究極の〝理想〟を追い求めるのは、原理主義だろう。ソ連で多大の犠牲者を出して失敗した社会主義や、いまの世界を席巻している新自由主義と、わたしには同類に映る。人間社会ではあり得ない〝理想〟を、かたくなに、性急に、例外を認めず追求するのは、原理主義のいち変種だ。

カーソンは死の直前に、テレビのドキュメンタリー番組に出演し、こう語っている。

「自然を改変し、破壊するほどの力を持ったいま、自然に対する人間の姿勢は、決定的に重要です。しかし、人間は自然の一部であり、自然に対して戦いを挑むのは、不可避的に、自分自身に対して戦いを挑むこととともなるのです」

有名な一節なんだが、じつはこれに続けて、次のようにも言っている。「われわれ人類は、かつてなかったように試されている。成熟すること、統御することを試されているんです。自然を、ではない。我々を」

わたしは一連の発言を、「人間とはいえ自然の一部なのだから、自然と戦うのではなく、自然に帰るべきだ」というようには、読まなかった。読めなかった。

そうじゃない。一かゼロか、ではない。人間の成熟度、自分で自分の欲望を統御すること、いわば大人感覚、〈中庸〉が試されている。だからこその、困難な戦いなんだ。

エコロジズムはファッションになり得る

脱原発を象徴する学者で、福島第一原発事故後にはほとんど預言者のような扱いを受けた物理学者の高木《たかぎ》仁三郎《じんざぶろう》の著作に、こんな一節がある。

高木は、エコロジズムに「人間の自然的規範への従属を要求し、人間の自由と主体性を著しく制限する」という批判があることを指摘して、さらにこう続ける。

近代の精神を、人間の自由と解放に向けた偉大な進歩であったと考える立場からは、エコロジズムの〈自然主義〉が批判されるのは当然のことともいえる。現実をみても、世にあるエコロジズム運動の中には、自然的規範への恭順を誓うあまり、戒律的とも思えるスローガンに従ったり、また、自然への従順と憧憬が閉鎖的な神秘主義に傾いたりするケースもみられる。

（高木仁三郎『いま自然をどう見るか』）

自然への従順さ〈だけ〉を強調するのは、個人の自由や個人の尊厳を抑圧することにつながる。人類の運命も自然に預けるべしという極端な戒律を生む。極端・過激な環境主義は、自然のいかなる改造も拒否する。これだって、かたちを変えた原理主義、ファシズムじゃないのか。人間を抑圧する社会や制度、商品、貨幣、そうした「幻影」にかわって、こんどは自然が物神となるだけじゃないか。

最初なごやかだったタカムナ氏との会合は、酒の勢いも手伝って、お互いの考えの正しさを主張する〝正義ゲーム〟に、だんだんヒートアップしてきた。

「田んぼは神聖」なタカムナ氏に言わせれば、わたしなんぞ、堕落していて、体制側で、ちゃらけていて、農業を馬鹿にしている、らしい。農薬を使ったり化学肥料を使ったりは言語道断。だいたい、アロハ姿で田んぼに出るとは、なにごとぞ、ってなもんだ。言わせておく。

しかし、わたしは断然、農薬も使うし、化学肥料も使う。なぜか。

第一に、これは売り物じゃない。「てめえで食う米」だ。好きなライター稼業をあきらめないで生きるための、兵糧米。武器だ。

タカムナ氏のように、脱サラして、自分の信じる方法で、農産物を作る。自然農法だけが、安全で、おいしくて、環境にやさしいということを証明する。それも、いいと思う。どんどんやってくれ。邪魔しない。

しかし、わたしは脱サラして農夫になるんじゃない。どっちかというと、「脱パラ」。このころ、自分が勤めている朝日新聞なんて、従軍慰安婦問題や池上コラム問題で大揺れだった。朝日新聞なんてなくしてしまえ、日本のためにはそのほうがいいと叫ぶ人たちが、少なくない。それはいい。しかし、おまえは、会社がなくなったら、ライターもやめるんか？　会社があってこその、ライターだったのか？

ネットの普及で出版業界は氷河期入り。雑誌もばたばたつぶれていく。原稿料も右肩下がり。そのうえ、じぶんはどうも世間と完全にずれているらしく、馬鹿売れする書籍や雑誌の企画は、思い浮かばない。ていうか、そんなもん書きたくもない。じゃあ、世間とそりがあわないからって、おまえは書くこともやめちゃうのか？

いまの世界を覆っている「新自由主義」というやつの正体は、ごくごく簡単に言ってしまえば、「飢えの恐怖による支配」がその本質だ。「飢餓による貧困への恐怖というムチを復活させようというのが、新自由主義の経済思想」（神野直彦『人間回復の経済学』）だ。いやなら辞めろ、飢えれば死ぬのが自己責任。ムチを使えば、生産性は上がる、という経済思想。

いままで自分は、会社や世間や、もっと言えば新自由主義が席巻するこの社会に、寄生して、居候して、なんとかうまく、生きてきた。ライターをやってきた。

では、諸般の事情でパラサイトできなくなったら、おまえはライターを辞めるのか？　そうじゃないだろ。パラサイトしていた自分から脱するんだ。脱自だ。死への自由だ。本来的時間性を生きるんだ。自分がやってるのは、脱サラじゃない。脱パラなんだ。

要はケース・バイ・ケース

第二に、先にも書いたように、「日本の農薬の基準は世界一厳しい」という、エコ派に言わせりゃ〝俗論〟を、自分はしかし、納得しているんだ。もっと言うと、有機農法〈だけ〉が安全・美味というのは、神話だと思っている。自分で納得して、自分で作って、自分で食う。なにはばかるところがあるものか。

第三に、これがなにより大きな理由だが、農業は自分一人でやるもんじゃない。村の調和でするもんだ。害虫を発生させたら、ほかの田にも伝播する。

タカムナ氏があげた書物の著者たちのように、確固たる信念で、〝有機道〟〝自然農法道〟を突き進む人たちに、異論はない。リスペクトあるのみだ。

しかし、都会からやってきた、エコかぶれ、ロハスもどき、スローライフ気取りに、たとえば、親分のようなプロ農家を心配させる権利は、ないとも思っている。

タカムナ氏の田畑は、山奥にあって、周囲に農家もいない。自分の信じる道を進んで、だから、全然オッケー。要は、ケース・バイ・ケースだろう。

最初なごやか、次第に議論白熱してきたタカムナ氏との飲みは、酔っぱらい論壇の常として、話がぐちゃぐちゃになってきた。すでに、わけが分からない。

「近ちゃん、そんな物知りならさあ、カタカナってあんだろ？　あれの起源、知ってるか？」

カタカナって？　片仮名・平仮名のカタカナかよ？　あのさあ、おれはライターだぞ。文章書いておまんま食ってんだぞ。おれの商売道具の起源を知ってるかって、素人が聞いてんのかよ?

目の据わった酔っぱらい。農夫部門ならそっちが先輩だが、自分のフィールドじゃ譲れない。『古事記』がなぜ、中国から〝お借り〟した漢字で書かれていたか。万葉仮名を作り出し、日本語の発明に執着しなければならなかった先人の思いは、いかばかりだったか。漢字の草書を崩して平仮名に、偏や旁《つくり》を省略して片仮名になっていった経緯。漢字の呪縛から解き放たれ、平安時代に平仮名で古代王朝文学が花開き、片仮名で鎌倉仏教が深まって……。

稗田阿礼《ひえだのあれ》が、紀貫之《きのつらゆき》がと、田舎の定食屋にまったく似合わぬ固有名詞が舞う。酔っぱらったいつもの自分ではある。一度離陸したらどこに着陸するか分からないジャンボジェット。

堕落上等　しかめっ面はしたくない

「その説は、おれの感性に合わないんだよな。そうじゃなくてさあ。ほんとうのカタカナは、漢字から来たんじゃないんだよ。中国からの借り物じゃないんだ。日本独自のものなんだよ。知らないの? 有名だよ。カタカムナ文字」

「なんだよそれ?」

「ネット、つないでんだろ。検索してみなよ。すぐ分かるよ。真実はそういうことなんだよ」

「聞いたことねえよ。これだけ詳しく語れるおれが、いまのいままでまったく聞いたこともねえことが真実だなんて、そんなこと、あるかよ?」

「だって、知らないんだろ？　調べてから言えよ！　農薬とおんなじだよ！」

酔っぱらい同士の与太話。感性か。感性ねぇ。それじゃあ、しょうがないねぇ。

帰りのタクシーでも、携帯メールがピピッと入る。

「カタカムナだからね。ググってね。新しい世界が開けるかも」

夜中。家に帰ってすぐ、検索しましたよ。


【カタカムナ文明】

物理学者の楢崎《ならさき》皐月《さつき》が提唱した、先史時代の日本に存在したとされる超古代文明。

【カタカムナ文字】

カタカムナ文明において使用されていたとされる文字。楢崎が満州で交流していた老師から聞かされた、上古代の日本に存在した文字ではないかと直感し、後にいろは四十八音に対応するカタカムナ音声符（単音）に分類した。楢崎はカタカムナ音声符が片仮名の起源としている。（ウィキペディアより）

超古代文明って、あれか？　この話は、「ムー」だったのか？

翌朝。軽トラ通勤では、途中、海辺の道を走る。お気に入りの通勤路だ。橘湾の穏やかな海面が、夏の陽光を受けて光る。二十万キロ超も走った粗大ゴミ軽トラだから、エアコンなんで故障している。窓は全開。早朝の、ぴりっとした空気が吹き込んでくる。

音楽を聴かないとわたしは運転できないので、一〇〇〇円くらいのポータブルラジカセを買い、大音量で聴いている。カセットテープしか聴けない。ここ数日のお気に入りは、一九九〇年代によく見たバンド、クール・アシッド・サッカーズ。朝っぱらから、激烈ミクスチャーロック。

八月上旬に入り、親分やわたしの田んぼの上を、農薬を散布する無人小型ヘリが飛んだ。

「昔はぁ、田んなか入って、ひざまで泥に埋まって、まいたもんでした、なたぁ。今は助かるごたぁ、なりましたねえ」

横で、親分がつぶやいている。

堕落上等。なにより、いまを、生き残ることなんだ。

おれが言いたいこと　歌う自由
君が聴かない自由　嫌う自由
押しつけたくないね　自分の耳と自分の目で選びな
よくみろよ　笑ってるぜおれは
しかめっ面はしたくないから
楽しんで　やなこと忘れて
やりたいこと思い切ってやるだけさ

（クール・アシッド・サッカーズ「自由」）

第8章 ムラ社会が教える贈与経済入門

のどかな田んぼで住職の車がポルシェに激突してオシャカに……
南無……
とりあえずポルシェは成仏しそうです

ドガジャガラーン。

不景気な世の中で、ここだけ景気のいい音を立て、なんだか外が騒がしい。佐賀県の、かなりのどかな田園地帯で取材していたときのことだった。

「あんた、たいへんやっけんが。あんたの車じゃなかかと？」

取材先の奥さんに注意されて、外に出てみたら、人だかりがしている。間違いなく、自分が車を駐《と》めていたあたり。小走りにかけよると……。

うそでしょ？　ポルシェ、自慢のオープンカーが、見る影もなく大破している。

あたりは一面の田んぼ。腰ぐらいまでに伸びた、青い稲穂が、わずかに初秋を感じさせる風にさわさわと揺れている。ポルシェのほか、車の影もない。

やじ馬から目を離して、ふと、目を脇にやると、青々とした田んぼのど真ん中に、ぽつねんと佇む老人がいる。袈裟姿。よろよろと、青い稲の波をかき分けている。そのすぐそばに、田んぼに突っ込んだらしい軽自動車。ボンネットが上がっている。

事態を理解するのに、数分かかった。

見晴らしのいい直線道路で、駐車していたわたしのポルシェに、老人の軽自動車が後ろから激突したらしい。びっくりしてバックギアに入れたが、パニック状態になっていたのだろう、急加速してしまい、バックのまま、田んぼの中に突っ込み、青田のど真ん中で止まった。運転席から出てきたドライバーが袈裟姿なのは、近所のご住職だったから、という次第。

反射的に水田の中に入って、ご住職にかけよった。「大丈夫、怪我はないですか？」と手を取って、抱えるようにして歩道に導いた。

話は、できる。しどろもどろに言うことには、どうやら、運転中に急に意識が遠のいて、視界の半分が消えたとか。これはまずい、早く家に帰らなければ、と焦るうち、広い道路の左端に駐車していたポルシェに後方から衝突したんだという。

まあ、命に別状なさそうでよかった。一一九番に電話して、救急車がご住職を搬送していくまで見守った。やれやれ。大事がなくてよかったよ。

……って、オープンカーが一大事じゃねえか。どうすんのよこれ？

泣きそうになって、気づく。

あれ？　靴に泥がついてない！

オープンカー、おしゃか

夢中で田んぼに入っちゃったけど、本来、夏の田んぼはスニーカーで入れるようなところではない。全面泥の「地獄の黙示録」状態。くるぶしまで泥に埋まり、強烈な粘着力で足を引っ張られる。スニーカーはおろか、長靴でも歩けるもんじゃない。すたすた小走りにご住職を助けにいけたのは、田に水が張ってない、からからに乾いた地面だったから。

そのうちに、警察が来て事情を聴かれたり、住職の車の保険屋が来て、レッカー車の手配をしてくれたり。やじ馬もどんどん増え、騒がしさは増してきた。

そんななか、田んぼの真ん中にボンネットをあげた状態でとまっている住職の車を、あぜ道からじっと眺めている男性がいた。この田んぼの持ち主だろうか。口を開け、あぜんとしている。そりゃ、まあ、そうだろう。すくすく育った、青々と立派な田んぼに、車の轍《わだち》がふたつ、くっきりと残ってるんだから。

恐る恐る男性に近づいて、聞いた。

「あのう、田んぼ、水張ってないすね？」

最初に声をかける言葉がこれかよ。いまにして思えば、自分でもあきれる。

「あ？　ああ、中干ししてるけん」

聞けば、八月の暑いさなか、わざと田んぼから水を抜き、地表を乾かすのだそう。持ち主の近くにいたイケメンくんが、つぶやいた。

「根が水を探して、土に深く張り、丈夫になりよります」

彼は近所のＪＡの指導員なんだとか。やはり騒ぎで事故現場に駆けつけてきたのだった。

「いやあ、自分も長崎で田んぼ、やっていて」と自己紹介し、この際だから、いろいろイケメン指導員に教えてもらう。いつごろ、どれくらいの期間、水を抜くのか。再び水を入れるのは、どのタイミング？　そもそも、なんで水を抜くのか。質問攻め。

「ずっと水を張っとうと、稲が分蘖《ぶんけつ》せんです。米粒が多くなりすぎて、くず米になります」

「くず米ちうて、ぱさぱさして食味が落ちるとじゃ」

事故車の保険屋も加わって、わたしと田の持ち主、男四人が輪になり、田んぼ談義に花が咲く。全員、田人。その脇を、レッカー車が過ぎる。オープンカー、おしゃか。住職だけに。病膏盲《やまいこうこう》。頭の中は、米ばかりなり。

今日も元気に師匠が怒る

ど素人で、師匠に怒られながらも、どうやらこうやら田植えも終えた。夏の盛り、わが田んぼの稲も、見た目は丈夫に、すっくと立って、青々ときれいな風をそよがせている。

この時期は、田仕事も小康状態。力仕事は雑草刈りぐらいで、あとは、水が満々と張っているかどうか、確かめにくるぐらいだ。

「ほらー。ここんとこ、ほげとるたい。しかっと見んば」

ある朝のこと。今日も元気に師匠が怒る。

よく見ると、田んぼの真ん中へんだけ、地表が見えている。少し、水が干上がっているのだ。毎朝、来ているのに、わたしはまったく気がつかなかった。いい写真家や画家は、わたしと見ている景色が違う。プロの農夫もアーティスト同様、ぜんぜん別の目で、土、水、風、太陽を見ている。

それにしても、おかしいな。ちゃんと水口《みなぐち》は開けているし、順調に山水も入っているんだが。どうやら、田んぼのどこからか、命の水が漏れているらしい。それが、さっき師匠の見つけた「ほげとる」場所。水口のひとつに、こぶし大の穴ができていた。虫どものしわざだ。

これだから、毎日のパトロールは欠かせない。

わたしの田んぼは、もともと粘土質。すごい粘り気がある。そのうえ、代かきを何度も丁寧にしている。土がよくこねられて、保水がいい。

側溝からの水がなくても、石垣からちょろちょろしみ出てくるわずかな山水だけで、まあ、二日もあれば、田んぼに満々と水を張れるように仕上がった。なので、中干しも試みることにした。つまり間断灌水《かんすい》。水を、思い切って全部落としてしまう。土の表面がひび割れするほど、天日で干す。佐賀のイケメン指導員に教わったとおり、こうすると根が強く張る。多少の台風が来ても、なぎ倒されない。また、分蘖、つまり根に近い茎の部分が枝分かれして、いい稲に育つ。

台風番長の集会所

初めて住む九州・長崎なんだが、噂によれば、九州は災害大国。台風、増水、土砂崩れ、火山噴火と、自然が猛々しい。

長崎でも、これまで直撃はないものの、やたらと台風番長たちが集会を開いている。テレビの天気予報では、「大型で勢力の強い記録的な台風」みたいなフレーズがリフレインされる。

「センパイみたいな極悪の台風が来ていますね。みんな心配していますよ。稲とか大丈夫っすか？　田んぼが流されちゃってもネタにはなるし、めげないでくださいね。九州の台風はセンター街よりこわいから、センパイは局舎にこもっててくださいね」

東京の新聞社に勤める後輩から、こんなメールが来るようになる。

この年、九州・中国地方は、たてつづけに大雨や台風がやってきて、雨脚も、東京じゃ見なかったような水量。「バケツをひっくり返したよう」という形容が、決して大げさではない。そのたびに田んぼの防衛で大わらわだ。

水の取り入れ口を、詰め物でしっかりふさいでおく。大きな岩なんかも置いて、田んぼが水没しないようにしておく。

「記録的な巨大台風が直撃する」という予報があった、その前日。どうにも心配になって、田んぼを見にいったら、すでに師匠が来ていて、わが田んぼの水口をいじっていた。

東京にいるとき、台風で水に流されて亡くなるお百姓のニュースを、よく読んだ。なんで台風が来ることが分かっているのに、わざわざ見にいくんかなと、不思議だった。不思議でもなんでもない。自分で作ってみると、よく分かる。なにもできないと分かっちゃいても、見にいかざるを得ない気持ちになっちゃうんだ。

「だいたいが、あぜにはまって死ぬとよ。田からがんぼり、水があふれてくっと。そうすっと、どこがあぜ道で、どこが水路か、分からんようになるとよ。膝ぐらいまでの深さの水でも、勢いが違うけえ、よう立ちよらん。そんで倒れて、溺れると。あんた、立ってみる？　立ちませんよ。

「台風だからって田に行って、どぎゃんもこぎゃんもならんとにねえ。やっぱり、気になるんやね。あんた、明日、台風で大雨だったら、来ちゃいかんよ」

師匠が心配してくれる。

「あんた流されたら、おいには記事、書けんけんが。ほかのライター探さなあかん」

そこかい。別のライターで代用きくってか。相変わらず冷たい師匠。

ビクビクするより能がねえ

翌日。無事に台風が通過した。大山鳴動カエル一匹。大風は吹いたものの、なんちゅうこともなかった。

それにしても、冷夏が半端じゃなくなっている。台風が通過してもスカッと晴れず、曇天が続く。もっとも恐れていた水不足の心配は、ない。

「けんど、水が足りんいうぐらいの年のほうが、豊作にはなりよります」

田んぼの水を見つめながら、親分がつぶやいた。

——百姓は、雨が降っても心配、日が照っても心配、風が吹いても心配。心配ばかしだで。つまり、ビクビクするより能がねえ。

黒澤明の映画「七人の侍」に、こんなセリフ、あったよな。

自慢じゃないが、わたしは雨男だ。遠足でも旅行でもフジロックでも、わたしの向かうところは雨だらけ。いつか、アフリカ・マリのサハラ砂漠を、ミュージシャンのソリ・バンバと旅したことがあった。そのときも、砂漠に雨を降らせた。現地人が、喜んだね。早朝から家族総出で、畑を耕しに、鍬《くわ》を持って飛び出していった。その夜の食卓で「自分は雨男」と告白したら、「ここに住んでくれ」とまじに頼まれたこともある。

諫早に引っ越しても、やっちまったか。

無敵精鋭関東軍

しかし、事態は冗談ではすまないことになってきた。

九月上旬。田んぼの稲が、腰より高く育っている。稲穂が、青々と膨らんでいる。ど素人が初めて作ったとは思えないほど、順調に育っている。……ように見えた。

だが、プロの目には、危険の兆候はすでにあった。

「ほらぁ、茎が茶色くなっちょるけん。秋ウンカにやられとるたい。あたりに白いの、落ちとるやろ。ウンカの卵じゃ」

師匠が、田んぼの中に入って、稲穂をかき分け、病気の兆候を指し示す。自分は完全に見落としていたんだが、たしかに、ところどころの稲が、枯れたように茶色に変色している。

冷害。よりによって、一年目に来やがった。

山口、福岡、佐賀、大分では「いもち病」警報が出された。ここ長崎県でも「いもち病」の注意報が出された。夏の間の日照不足と多雨で、空気が湿って、稲にカビがつく。穂に菌が入れば、実が枯れる。いもちは収穫量、つまり、わが食い扶持を直撃する。師匠に言われ、急遽、田に入って殺菌剤をまくことになった。

テンガロンハット、黒のサングラスはいつものことだが、口には黒の防毒マスクを、背中には殺菌剤の噴霧器をかつぐ。ますます怪しいかっこうで、田に入る。

しばらく中干しをしたあと、田んぼにはまた、山水を入れ直している。だから、田んぼは「地獄の黙示録」状態にもどっている。歩くのもままならない。

どこまで続くぬかるみぞ
三日二夜を食もなく
雨降りしぶく鉄かぶと

〝無敵精鋭〟関東軍ってか。

田植え専門のゴム製地下足袋をはいてはいるが、くるぶしまで埋まる粘土質の泥の中を、噴霧器のノズルを振り回しつつ歩くのは、むちゃ重労働だ。

稲と稲の間隔、わずかに数センチ。せっかく育った大事な稲をここで踏みつぶしては、元も子もない。踏まないよう、まっすぐ歩く。泥の中で、体操の平均台やってるようなもの。冷夏のくせに、この日ばかりは選んだようにカンカン照り。直射日光を総身に浴びて、小一時間も歩くと、頭がくらくらしてくる。

ようやくのこと作業を終えて引き返すとき、軽くめまいがして、あぜ道から、一メートル五十センチほど下の泥に落ちちまった。

「ひゃっはっは。もっと派手に転んでくれんね。新聞に写真、載せられんたい」

師匠が大笑いしてカメラを向ける。新聞用のカメラマンとしても師匠を〝使って〟いる。暑さで頭がはっきりしないから、いつもみたいな毒舌で、言い返せない。

ボニー登場

この冷夏の影響は、米よりも先に夏野菜に出ていた。田んぼへ行き帰りする途次、地元野菜しか売らない直売所で買い物するのが日課なのだが、レタスやトマトやキュウリやら、夏野菜は品薄の上、馬鹿高い。

天災は、忘れたころにやってくる。

援軍も、忘れたころにやってくる。

わたしの田んぼのすぐ近く、だいたい同じ時間帯に畑仕事をしている上品な奥様がいる。会えばあいさつはするが、言葉をかわしたのはその日が初めて。

「この間、市長さん、みえとったんよぉ」

そう話しかけてきてくれた。この人、だれかに似てるんだよなぁとずっと考えていたんだが、まぢかで見つめて思い出した。フェイ・ダナウェイだ。アメリカン・ニュー・シネマの傑作「俺たちに明日はない」で、女強盗ボニー・パーカーを演じたころのフェイ・ダナウェイ。田舎に住んでいるんだけど、退屈しきっていて、近寄るとちょっとやばそうな色気が、よく似ている。

「アロハで田植えしてみました」という新聞連載をしていたんだが、その記事を読んだ諫早市長が、ど素人の米作りを視察、というか、冷やかしに来たらしい。

「『この辺に記者が田んぼ、やっとうと?』って訪ねに来る人、ほかにもおるとよ」

そういえば、新聞社の支局にも、「どこらへんで田んぼ、やっとうと? 応援に行きよるけん」みたいな電話が、何度かかかってきた。観光名所になりつつある、わが田んぼ。

「わたしも記事読んだっけん、おもしろかったぁ。笑《わ》ろたわ」

女子に受けるとテンション上がる。以来、帰り道に会えばあいさつし、車を降りてちょっとばかり無駄口をたたく。ボニーが周りの農夫に配っている缶コーヒーにお呼ばれしたり、逆にわたしが、もらいものの菓子を差し入れしたり。世間話をする仲良しになった。

そうして会うたびに、自分の畑からひょいっと、野菜をつまんで持たせてくれる。ナス、ゴーヤ、トマト、ウリ、キュウリ、シシトウ……。シソなんかもある。助かる。

　聞けば、ボニーは長崎市内の繁華街で飲み屋をやっていたんだとか（なるほど、な雰囲気）。ここで米を作っていた父親が亡くなって、母親の介護もあるしで、地元に戻ってきた。土地を遊ばせていたんだが、去年から、思い立って野菜を作り始めた。農夫ニューカマーという点では、わたしと同断だ。だから、気安く話せる。

「畑ではね、周りの人に教えてもらうのが大事とよ。聞けばみんな、親切に教えてくれるけん。教えたいんだから。それで、お礼にお茶ぁ配ったり、いなりずしを余計に作ったら、みんなに分けたりするの。そうやってかわいがられれば、ほらぁ、この畑の休憩小屋も、周りの人が作ってくれたんよ。野菜なんかが、黙って玄関に置いてあったりするんだから」

　先輩ボニーが、新人農夫の心構えを教えてくれる。

「じゃあ、わたしも米が無事にできたらおすそわけしますから。もらってくださいね」

　今年の稲もどうやって刈り取るんだか知らないくせに、なに吹いてんだ。ちゃんちゃらおかしい、とらぬ稲穂の口約束。

「ほんまに？　うれしか～」

　女子力の高いボニーは、それでも両手を振って喜んでくれる。かわいい。

　そもそもこの〝人体実験〟は、男一人分の食う米だけ作り、あとはライター稼業で生きていくという趣旨だ。主食を確保すれば、飢え死にはしやしない。いくら売れないライターであっても、おかずとビール代くらいは、本業で稼ごうよというスタンスなのだが、でも、待てよ。いままでの作業で分かったのは、一人分作るも二人分作るも、米作りの作業量に、さほど変わりはないということだ。だったら、来年はボニーの分も米を作っちゃって、かわりに野菜をもらおうか。贈与経済の誕生。

またも都合のいい話をそれとなく持ちかけると、

「よかねえ。なんなら、路上で二人、米と野菜を売りましょか？」

ボニーも笑って合意してくれる。ボニー&クライド結成。俺たちに明日はあるか。それは、分からないが。

『地方消滅』のまやかし

『地方消滅』という本が、二〇一四年に話題になった。人口動態予想をもとに、二〇一〇～四〇年のあいだにじつに八百九十六の自治体が〝消滅〟していくのだという。消滅予想には、ここ諫早市も入っている。

地方都市が消滅することは、十分ありそうな実感が、たしかにある。

諫早駅前に、スーパーの西友がある。地上四階、地下一階。地下の食料品売り場は二十四時間営業だから、たいへん便利で重宝していた。交通至便。しかし、ここも数年来の赤字経営で、わたしが諫早に来てわずか一年で、閉店してしまった。

東京から来て、最初にこの店に入ったときの印象を、よく覚えている。地元産品を揃えていて、野菜や魚が新鮮で安い。土地が安いから、店内も広々。買い物がしやすい。そして、いちばん印象に残ったのが、エスカレーター。遅い。ものすごくゆっくり、上下動していく。お年寄りばかりなのだ。エスカレーターで怪我しないように、ゆっくりと、進む。

『地方消滅』によれば、これからも地方から東京への若者の人口流入はやまず、ますます東京一極集中になる。そうすると、東京に住む女性の晩婚化、少子化も、さらに進む。だから、日本の人口減に拍車がかかる。地方消滅、東京一極集中は、日本という国の危機である、と。

この予測も、どれだけ真実でどれだけブラフが入っているのかいまいち不明ではあるが、いずれにせよここで間違えちゃいけないのは、この場合の地方消滅というのは、地方〈自治体〉消滅なのである。いまと同じ行政区分で、自治体職員を雇い、上下水道やゴミ収集など生活インフラを整え、支えていくのは、非常に難しくなってくる、ということなのだ。

地方自治体は、消滅するかもしれない。しかし、〈地方〉が消滅することなど、あるわけない。歴史上なかった。

中央都市というのは、カネさえあれば、暮らすのに非常に便利な場所だ。カネで、なんでも手に入る。どんな「商品」も、食品でも衣料でも住む場所でも、医療でも介護でも、シングルマザー貧困女子との買春でも、あらゆる商品、モノとサービスが、カネと交換できる。

かつて、「人の心はおカネで買える。女はカネについてくる」とホリエモン＝堀江貴文は言い放った。一面では正しい。いいも悪いもない。資本主義、市場経済とは、そういうものだ。

資本主義の黄金律

ことのついでだからここで考えておくと、資本主義とは、なんなのか。

いろんな定義ができるのだが、ひとつには、毎年の生産を拡大していくシステムだということができる。今年より来年、来年より再来年の、財やサービスの生産量が大きくなっていく。また、そう信じることができるからこそ、銀行は企業にカネを貸す。資本家は銀行に、カネを預けて運用させる。

ほんの少しでも前年より成長していなければならない。ここまで成長すればOKというリミットがない。いわば限界知らずのモンスター。それが資本主義だ。

資本主義が行き着くところまで行くと、なにが起きるか。黄金律が、二つある。

成長し続けるためには、巨大化し続けなければならない。カネは、ある程度集めたらいいということは、ない。資本を蓄積し続けなければならない。なぜなら、資本主義のゲームでは、カネをより多く集めたほうが、より強くなる、というルールがあるからだ。もしくは、カネをより多く集めたほうが、ルールを変えることさえできるというルールがあるからだ。

工場制資本主義が初めて世界に誕生した十八世紀イギリスの昔から、だから、資本家は稼いだカネでどんちゃん騒ぎなどをして遊んでいたわけではない。ときには生活を切り詰めてまで、カネを来年の資本投下へ回す。より大きくなろうとする。他の巨大資本に吸収合併される恐怖に、常におびえていたからだ。

大きい者、強い者が、さらに大きく、強くなる。資本主義とは、〈蓄積〉がすべて。これが、資本主義の黄金律その一だ。

他者の欲望を欲望する

黄金律その二は、そうした資本主義の社会では、〈一般欲望〉が生まれるということだ。

資本主義と市場経済は車の両輪だ。すべてのモノとサービスに適正な値付けをする世界市場がないと、資本主義は効率的に回っていかない。米も味噌も塩も酒も、労働も教育も性サービスも、すべてに適正価格というものがある。需要と供給の関係で、価格は決定される。貨幣との交換価値で測定されないモノ、サービスはない（と、される）。

いわば、交換の普遍化が起きる。

そうするとなにが起きるかというと、欲望も一般化、普遍化されていく。カネですべてが計測され、交換される。カネで欲望を満たせるようになる。すると今度は、欲望そのものが、一般化、普遍化していくのだ。

映画「仁義なき戦い・広島死闘篇」で、アナーキーな愚連隊を演じた千葉真一に、名言がある。

「わいら、なんのために生まれてきたの？　うまいメシ食うて、はくいスケ抱くために生まれてきたんじゃないの？」

ファンシーなレストランで食事がしたい。そのときはブランド服を着ていたい。いい車で行きたい。高級腕時計をしていたい。セレブになりたい。飛行機ではビジネスクラスに、ファーストクラスに乗りたい、いや、プライベートジェットでなければ我慢ならない。果ては、プロサッカーチームや野球チームを持ちたい……。

妄想に多少の個人差があるくらいで、資本主義社会で生きる者の欲望の方向性、ベクトルは、笑っちゃうくらいに同じだ。つまり、欲望が普遍化されている。一般欲望から逃れられなくなる。「人間とは他者の欲望を、欲望する」（ラカン）のだ。自分だけの欲望、言い換えれば、自分だけの自由を求める意志を、失っていく。

なんのことはない、こんなことを書いている自分だって、そのとおりだ。

いままで車なんて、なんの興味もなかったはずだ。東京に住んでいるときは、自転車通勤のうえ散歩マニアだったから、どっちかというと、車は敵だった。取材先でレンタカーを借りるときには、動いてブレーキがきけば、車種なんてなんでもよかった。それなのに、地方に赴任するからといって、衝動的にポルシェなんて買っちまった。

いま思うと、それは、こういうことだったのだろう。

自分は、どこに行っても自分らしくいる。地方に住もうが、朝だけ百姓をしようが、自分の核は変わらない。いや、変えさせない。ど派手で、アグレッシブで、キンキーなライターとして、一生を貫いてやる。夏はアロハにジーンズ、冬はど派手な柄シャツに革パンツで、永田町でも霞が関にでも、どこにでも取材に行く。自分のスタイルは崩さない。車だって、いざ買うとなれば、外車のオープンカーでしょうよ――。

そんな程度の理由で、ディーラーでポルシェを即買いしてしまった。自分も、〈一般欲望〉

というやつに、知らず知らず洗脳されていたのだ。

「断る力」を奪われる

『白鯨』で知られる米国の作家メルヴィルに、『バートルビー』という奇妙な中編がある。

十八世紀のアメリカ。とある弁護士事務所の書記として、バートルビーと名乗る若者が職を求めてやってきた。使ってみると、なかなか有能で、見込みのある有望な青年だった。雇用主の弁護士も、目をかけてやるようになった。

しかし、この若者がなかなかの変わり者で、事務所のほかの書記たちとまじわろうとしない。食事もしなければ、パブへ一杯ひっかけにもいかない。

なにより困るのは、書記として決められた自分の仕事以外の、ちょっとした雑用、使い走りだったりなんだったりを頼むと、礼儀正しく、しかしきっぱりと、断ってくるのだ。

「まあ、やめておきましょう」

本業の仕事はしっかりとするのだ。しかし、ほんのささいな余計仕事を頼むと、「まあ、やめておきましょう」とくる。

"I would prefer not to"

必ず、その言い方。やんわり、きっぱり断る。繰り返されると、魔法の呪文のように響く、奇妙なフレーズ。

雇用主の弁護士も、さすがに堪忍袋の緒が切れて、こんな仕事もできないなら、職場も辞めてもらうぞと通告する。それでもバートルビーは、「まあ、やめておきましょう」。では、給料を払わない、事務所を出ていってもらおう。脅せば、「まあ、やめておきましょう」。

事務所を出ていかず、住み込んでしまう。

いまで言う、「スクワッター」の元祖だ。

最後は官憲により、強制的にバートルビーは排除される。彼は、無産で働かない浮浪人として、監獄に入れられてしまう。当時、働かない者は監獄入りだった。監獄は、近代が発明した施設だ。資本主義が要請した、労働装置でもあったのだ。

おもしろいわりに知られていない作品で、過去に出ていた本は絶版だから、いまは、古本か図書館で読むしかない。しかし、なんともいえない味があるので、バートルビーがこのあとどうなるかは、ぜひ小説そのもので確かめてほしい。

それはともかく、『バートルビー』は、現代の労働問題の根源を、予言的に嗅ぎつけた作品でもあったのだ。

人は、会社は、社会は、富を蓄積しないといけない。蓄積しなければ、生きていく資格がない。そして労働者は、いつなんどきも交換可能な歯車にならなければならない。だれとでも交換可能で、かつ、いくらでも使い倒していい、安価な歯車。ほんのちょっとした雑用から始まって、やがて労働者は、“I would prefer not to”と言って「断る力」を失っていく。サービス残業が当たり前になっていく。それがグローバル化だから。インドや中国の労働者たちと競争しているのだから。

また、消費者としても、他人と同じように振る舞うことを、やんわりとだがしっかり要請される。バートルビーも、ほかの書記と同じように、雑用をこなし、パブで飲んで、食って、流行りの服のひとつでも着ていれば、監獄に入れられることもなかった。わたしたちも、みなと同じように働き、テレビを見て、バラエティー番組のタレントの言動に共感し、流行りの言葉遣いをし、みなと同じものを欲望し、みなと同じものを消費しなければならない。いけてる自分であろうとする。少なくとも、自分の所属する社会カーストから下位へ落ちないように振る舞う。

そうしないと、社会からはじき出される、見えない力が働く。資本主義の黄金律その一・その二に、知らず知らず、動かされているのだ。

「カネでなんでも買える」馬鹿

ところが、だ。地方の、それも市街地からかけ離れたここ旧田結村の集落では、少し、まあほんの少しなんだが、様子が違う。

四月末から五月にかけ、大汗かいて、田んぼにあぜ波を埋め込んだことは、前に書いた。あぜ波は十枚単位で売っているのを、農協を通じて、もちろん自分が買ってきたんだが、十枚単位だから半端に足りない部分も出てくる。田んぼの一部分にあぜ波はなくても、さほど困ることでもない。しかし田んぼを貸してくれている地主家の大奥様が、「うちではいらんけん、持ってきんしゃい。よか、よか」と、持たせてくれる。

水をめぐって一悶着あった親分も、偶然、道で会って世間話をするだけで、わたし一人では食いきれないほどのタマネギを持たせてくれる。師匠は釣りが趣味で、ちょうど釣り上げてきたところに出くわせば、ただでさえ世話になりっぱなしなんだが、石鯛だなんだと、ご丁寧に三枚におろして切り分け、わたしにも分けてくれる。ボニーとだべって、コーヒーをごちそうしてくれるうえに野菜も分けてくれるのは、いつものことだ。

こっちだってもちろん、もらいものの菓子やら出張先の安い土産など持っていくこともある。地主家の大奥様に、東京土産の菓子折りを持っていく。

「そげんさっしゃらんで、よかとですよ。おカネ、使《つこ》うこと、なかたい」

かえって恐縮してくれる。山あり海ありの田舎には、「畑が食料庫、海が冷蔵庫」という気風がある。

実際のところ、野菜など、自分一人分だけを作るのは難しいんだから、どうしたって食いきれないくらい、余計にできてしまう。収穫しないでおいていたって腐らせるだけだから、こうして世間話をする仲良しになれば、「持ってきなさいよ」ということになる。

師匠の口癖は、「無駄なカネを使うことはなかけん」だ。これは、吝嗇《りんしょく》ではない。地方にいると、「なんでもカネを払えば解決」という生活態度が、ちょっと馬鹿に見えるのだ。

もしも今年、米の収穫に成功したら、来年以降、少し余計に米を作ってみようかという野望も、だんだん現実味を帯びてくる。ボニーや、自家菜園が趣味のライター仲間と交換することだって、できるんじゃないか。釣りを覚えれば、日本はほとんどの県が釣り天国だ。肉は……いや肉だって、実はここ長崎県は、イノシシの捕獲量が全国一なのだ。

アロハで猟師、してみますか？

長崎市は坂ばかりの街だ。平地が少ない。県全体も山がちな地形だから、イノシシだって人家や田畑のすぐ近くに生息していることになる。そして、田畑も山あいに多い。だから、耕作放棄地の面積も、全国トップ。年をとると、田んぼに行くだけでおっくうだからだ。耕作放棄地になった田んぼは、イノシシの絶好の遊び場。やつらの生息地域を広げる。

と、いうことで、長崎の農地はどこでも、イノシシにとても困っている。地区ごとに罠をしかけているのだが、罠にかかったイノシシを殺処分するにも狩猟免許がいる。銃で仕留めるなら、それとは別に銃砲所持許可もいる。両方を持つ猟師じたい、高齢化でとても少なくなっている。

師匠に、銃猟の免許を取ろうかなと相談すると、

「おお、やってくれやってくれ。あんたが鉄砲撃ってくれれば、シシが逃げてくれよるたい」

完全、馬鹿にして笑っている。獲れるとは思っていないが、銃をぶっぱなしてくれるだけで、うれしいのだ。

イノシシをとって、自分で解体して肉を食う若者たちが、東日本大震災以降、少しずつだが増えている。電力も水も食料も、ライフラインをまったく人の手に頼っていたことへの反省だという。なかには女性もいるくらいで、「狩猟女子」「狩りガール」なんて言葉も生まれ

た。市場で買う豚肉や牛肉より、よほどうまいらしい。これだって、もしかしたら野菜と交換できる鉱脈なんじゃないか……。

捕らぬイノシシの皮算用。

地方で暮らすと、資本主義のど真ん中で生きていたときとはまったく別の発想が膨らむ。妄想かもしれない。しかし、その、妄想じたいが、自分にとって新鮮で、楽しい。

大文字の思想を語るな

市場というのは、人間が作ったとても便利な発明品だ。貨幣もそう。こんなに便利なシステムは、あまりない。なんだって交換できる。

コンビニエンスストアの日常の風景。相手が小学生一人だろうと、消費者であることにかわりはない。だから、コンビニ店員は妖怪ウォッチグッズを買う小学生に「一〇〇〇円からお預かりします。おつりは〇〇円になります。ありがとうございました」と、〝ふつう〟に言う。

でも、これって、ちょっと前の駄菓子屋の光景を覚えている人には、すごく違和感のある光景だ。子供相手に「頂戴します」「ありがとうございました」は、適当な感じがしない。「ありがとね。車に気をつけて帰るのよ」と、駄菓子屋のおばちゃんが言う語法のほうが、日本語として、正しい。正しい人間関係の距離感を、表している。

小学生が消費者なら、テロリストも消費者だ。ＩＳ（イスラム国）が世界中から集める志願兵に給料を払うのも、不法に武器を調達するのも、アメリカドルを通じてやっている。なぜ、ドルの世界基軸通貨体制を支えるようなまねをするのか。

なぜもなにも、ありゃしない。ドルが世界基軸通貨だから、だ。もしも、ドルの代わりに、ユーロや人民元やサウジアラビア・リヤルが、世界で通用する通貨であったなら、原油取引の決済に使われる通貨であるならば、喜んでそっちを使うだろう。貨幣は、みなが使うから、貨幣たり得るのだ。

カネに色はついてない。カネがあれば、なんでも買える。

それは、逆に言うと、カネがなければなにもできない、ということをも、意味している。都会で老人が、電気やガスなどライフラインさえ止められ、孤独死している。二十一世紀の豊かな日本社会では、きわめて異常というべき状況も、「カネがなければなにもできない」という、資本主義社会の行き着いた、なれの果ての光景だ。

ここで急いで断っておくと、わたしはなにもこの本で、「脱資本主義」やら「反資本主義革命」やらを訴えているつもりは、毛頭ない。そんな、大それたことではない。

というか、みんなすぐに、「資本主義がダメだから、次は○○主義だ」みたいな大文字の思想を語る。大文字の思想なんて、ぜんぜん信用していない。わたしは、徹底して革命反対党だ。反革命じゃない。革命に反対なだけ。フランス革命だって明治維新だって、あそこまで多くの人の血を流さずに、もう少し時間をかければ社会改革はできたはずだというのが、歴史の教えるところだ。

ぼくはどんな形のものだろうと暴力とか不寛容とかが大嫌いなんだ。そんなものは何を生む力も何を阻止する力もない。革命だって整然と分割払い方式でやらなきゃ駄目なんでね。

（ジェイムズ・ジョイス『ユリシーズ』）

革命は、ひとが楽に生きるために行うものです。悲愴な顔の革命家を、私は信用いたしません。

（太宰治『おさん』）

脱資本主義革命なんかではない。そうではなくて、みなが資本の側に、半ば強制的に忘れさせられていることを、思い出してみようと言うだけだ。人間社会は、有史以来ずっと、商品の交換、貨幣による交換〈だけ〉で成り立ってきたわけではない。交換経済は、人間が営む経済活動の、非常に重要だけれども、しかし、あくまで一部でしかなかった。

贈与と交換は違うんだ

どんな非モテくんだって、プレゼントのやりとりをしたことは、人生で一度や二度はあるだろう。プレゼントをもらうとき、どんな高価なモノをもらうよりは、たとえば手作りのセーターなんかをもらったときのほうが、胸がときめいたはずだ。

お返しにハンカチを贈るとき、あるいは花を贈るときだって、それらはデパートで買った

「商品」であるには違いないが、少し、細工したはずだ。早い話が、ハンカチや花束から、わたしたちは、値札をはずす。人に贈るとき、市場で、どのくらいの交換価値があるとされているのか、分からないように〝粉飾〟する。

つまり、なるべく「商品」であることを隠そうとする。交換経済ではないんだよという、シグナルを送っているのだ。

同じ理由で、お返しをするときは、一定の時間間隔をあけて、贈るはずだ。たとえばお菓子をもらって、それとまったく同じお菓子、あるいは同額のお菓子を、間髪いれずに返したとしたら、それは返礼じゃない。突き返したこと、関係を拒絶したことを意味するだろう。

贈与と交換とは、決定的に違うのだ。

もっと言えば、そもそもわたしが山からもらっている水や、土からもらっている養分などは、お返しを期待されていない。いわば純粋贈与だ。そして、人間生活のほとんどすべては、自然からの純粋贈与によって成り立っている。みな、忘れているんだ。

地域通貨とか、アソシエーションとか、そういう大きな話をするのではない。無駄話をする、ある程度の人間関係ができあがっている、具体的に顔が浮かぶ個人であるところの、このボニーと、顔が見える者同士の互酬贈与は、十分、あり得るんじゃないか？　師匠が口癖のように言っている「無駄なカネを使うことなかけん」は、だから、先にも書いたように、決して、吝嗇から出る言葉ではない。

ソリダリティー・フォーエヴァー

ここで重要なことは、そういう商品の交換経済に加わらない面々は、資本主義という怪物にとっては、「どうでもいい人間」だということだ。あまり数が増えてもらっては困る人間なのだ。GDP（国内総生産）の成長率といった〈数字〉に反映されないそうした経済活動は、資本主義にとっては鬼っ子にほかならない。あまり数が大きくならないうちなら、まあ、見逃してもやるわい。しかし、そういうふざけた人間ばかりになると、社会、国家はなりゆかないんだぞ――。

地方は、消滅するんだそうな。しかし、それは地方自治体が消滅するのだ。お役人の職場がなくなってしまうのだ（それも由々しき事態ではあるが）。互酬贈与の成り立ちうる小さなコミュニティーを、〈地方＝ローカル〉という。そういう意味での〈地方〉が消滅したことは、歴史上ないのだ。

いまの日本では、GDPの成長率がすべてだ。経済成長が、すべての病気を治すという〝宗教〟に、資本家も、多くの労働者も、しがみついている。

だが、経済成長率が少しぐらい上がったからとて、空前の利益を上げているのは、トヨタなど輸出大企業ばかりだ。円安で、むしろ食料品などの値段はあがるから、経済成長率が上向きになることと、暮らし向きの実感が豊かになることとは、リンクしていない。

それとはまったく逆の意味で、経済成長率と暮らし向きの実感がリンクしていない層もいる。田舎の、贈与経済を生きる人たちだ。成長率が、多少上向きになろうと、あるいは、下向きになろうと、〝食料庫〟である畑の野菜には関係ない。〝冷蔵庫〟である海の魚たちも関係ない。レタスも石鯛も、テレビニュースなんか見ていない。
贈る。お返しをする。
顔の見える人間同士の贈与の連鎖は、経済成長率なんかによって、切れたり、つながったりする鎖では、ない。

Yet what force on earth is weaker
than the feeble strength of one,
But the union makes us strong.
Solidarity forever, Solidarity forever,
For the union makes us strong.

（ピート・シーガー「ソリダリティー・フォーエヴァー」）

一人でいたら人間ほど弱いものもない
でも団結がわたしたちを強くする
永遠に団結を　永遠に結束を
共感こそ、わたしたちを健やかにするんだ

第9章 田んぼよ、稲穂は揺れているか？

高い空の青。低い山の深緑。空に一片の雲なし。黄金色の稲穂が、重そうにこうべを垂れている。

申し分のない稲刈り日和だ。

「よう実りましたな、なたぁ」

親分が、ネコと呼ばれる一輪車を押しながら、話しかけてくる。

「今日稲刈りぃ？　手で刈ると？　おきつうござんしょ気をつけて」

ボニーが、両手を振って声援を送る。

「ようでけて、一人じゃ食べ切らんどぉ」

近所の農家さんが、破顔一笑、話しかける。朝一時間だけの労働で、男一匹が一年間食う米をとる。あほうな計画も、集落で知れ渡っている。

みなの表情が輝く、実りの秋。

半年間の重労働の最終局面で……
さらに台風で稲束が
飛んでいくハプニングが
稲束が崩れ落ちそうに！
収獲量は減ったかもしれませんが
原稿の取れ高は充分です

いよいよ大詰めだ。ど素人が耕して、馬鹿が代かきし、抜け作が植えても、稲は育つ。手間さえかければ、稲穂は実る。土は裏切らない。

自然の恵みに、粛然とした気持ちになる。見返りを期待しない純粋贈与。

十日前から、田んぼの水を抜いて、地面を乾かしていた。師匠が、刈り取り日を決めた。あまり放っておいては、時機を失する。米の味が落ちる。

「青い米がなんぼか残っとるぐらいじゃないと、あかんよ。おいたちゃ出来曲がりって言いよるけんが。何でも出来過ぎはよくなか。人間と同じたい」

師匠語録、その六ってか。

機械を入れる前に、まずは田の四隅を鎌で刈る。これがきついのだ。ずっと中腰。二、三束も刈ると、腰に異音が走る。この日のために買っておいた地下足袋で踏ん張るのだが、鎌の力加減が分からないから、勢い余って、自分の足まで刈りそうになる。

「遠慮せんで切ってよかよ。自分の足じゃけん」

相変わらず、師匠が冷たい。二本しかない大事な足を刈ってたまるかよ。

ルンルン気分はほんの数秒

ある程度稲がたまってきたら、刈った稲の根本を揃えて、ひもで束に結わえる。

「これできびるたい」

師匠が、稲の藁《わら》を放る。師匠の田んぼでは、去年の稲刈りで残った藁を捨てずにとってある。それで、稲の根本をきつく縛るのだ。稲刈りのあと、藁も捨てない。畑をしていると、いい肥料になるんだそうな。

もちろん、ナイロンのビニールひもを買ってきたっていいんだけど、上手な農家にかぎって、モノは買わない。稲を残らず、利用する。感心する。

感心はするけれど、束ねるのに、むちゃ握力使う。なんていうか、ドライバーを使わないで、指先でねじのアタマをつまみ、力任せに回している感覚、と言えば分かってもらえるか。すぐに握力をなくす。

いい加減うんざりしたころ、救世主が登場した。師匠が貸してくれる小型のバインダーだ。といっても、「ヤン坊マー坊天気予報」のコマーシャルでよく見るような、小林旭がまたがった、車輪のついた大型バインダーではない。

わたしの田んぼは、山あいにある小さな棚田。二畝しかない。大型機械を降ろす道がない。田んぼに降ろすバインダーも、だから、人力で操る小型の一輪一条刈り。タイヤがひとつで、稲の列も一条、つまり、一列ずつ順繰りに刈っていく。

これがすぐれもので、稲を刈って、束ねて、根元をひもで縛ってくれる。さっきの、握力をなくす手作業を経験した後では、感泣ものの文明の利器だ。

師匠が手本を示してくれた。よく実った稲穂を、一列ずつ刈り、端まで来るとターンさせる。バイクと同じ要領。美技。

「こりゃ楽勝だな」とルンルン気分でいたのは、しかしほんの数秒だった。今まで使った農機具で、いちばん難しい。

稲の列の先頭に刈り取り口（デバイダ）を合わせ、クラッチを切ったりつないだりしながら進めばいいだけ。だけなんだが、なにしろ、その稲の列の始まりが分からない。

実るほど、こうべを垂れる、稲穂かな。稲は、たわわに実っている。その稲穂に隠れて、どこが列の始まりなのか、分からない。まっすぐ進んでいるつもりが、つい曲がってしまう。稲を刈っているつもりが、稲と稲の間のすき間にデバイダを走らせる。結果、せっかく実った稲を、倒してしまう。

会社がつぶれたって構わない

「違うたい！　小口《こぐち》をよう見て！」

血相変えて師匠が怒鳴っている。小口とは、稲の列の始まりのことだ。よう見てって、その小口がどこなのか、分からないんだってばさ！

この半年、師匠には怒られながらも、農機具は使いこなしてきたと思う。田起こし、代かき、田植えと、なんとか無事に済んだ。クラッチ付きのバイクに乗ったことがあれば、これらの農機具はなんとか動かせると感じた。

それが、肝心かなめの稲刈りというときに、バインダーが言うことを聞かない。自分の後ろに、哀れに稲が倒れていく。

ちょうどこのころ、勤めている朝日新聞社が火だるまになっているときでもあった。従軍慰安婦と福島原発吉田調書のダブル誤報で、社長が辞任していた。会社も、つぶれそうな勢いだった。

新聞での田んぼ連載は、まさかそれを予感して始めたわけじゃないんだが、偶然、タイムリーな企画になってしまった。会社は、まあ、つぶれたって構わない。会社がどうなろうと、ライターは、一生続けていくんだ。そのための、兵糧作りをいま、しているんだ。

かえって意気はあがっていた。

しかし東京では、同僚の記者たちがツイッターやらなんやらで「心が折れる」とかつぶやいているらしい。読売新聞の社会面で記者のつぶやきが引用されていた。ライバル紙にここでもおちょくられているんだから、情けない。

「笑う。これしきで心が折れるんか？　折れやすいな〜、ポッキーかよ。ポッキー・オン・ザ・ロックは、ティーンエイジャーで卒業しとけ」

憎まれ口だが、本気でそう思っていたし、ネットでそう公言していた。

いわゆる「ネトウヨ」たちの朝日記者攻撃も激しくなっていた。朝日記者のツイッターに、殺害だの殺虫だのの予告宣言が来た。わたしも、ほんとうは面倒だからやりたくないのだが会社命令でツイッターアカウントをもっていて、こんな、いろんな意味ではずれた朝日記者のとこにさえ、どこでどう調べたのかご苦労なこったが、「殺虫リスト」なるものが送られてきた。

おもしろいね。上等だよ。はるばるこんな西の果てまで殺虫に来てくれるなら、ビールの一杯もおごるし、二時間以内なら話も聞くぜ。

……なんてなツイートを、返していた。伊達や酔狂で言ってない。いつでも来い。

ただ、田んぼに手を出したら、許さないからな。実った稲穂になにか悪さをしたら、稲穂を倒すようなまねをしやがったら、ただじゃおかねえ。わが田んぼに対して、いつしかそんな感情を抱くようになってもいた。

それがどうだ。台風でもない、イノシシでもない、ネトウヨでもない。ほかならぬ自分自身が、手塩にかけて育てた稲を、ぶっ倒している。自分の不器用さが、自分の未来をデストロイしている。

五十年生きて、初めて泣けてきた。

ようやっと要領をつかんだのが、最後の数列だったか。自分で倒した稲の列は、惨憺《さんたん》たるありさま。

「哀れなもんたいねえ」

倒れた稲を師匠が手で刈り、束にまとめてくれた。情けない。がらにもなく、しょげる。

自分と同じ生物なのか

泣いてたって米は食えない。気を取り直す。今度は天日干しだ。

田んぼの真ん中に、木の棒で支柱を立てる。支柱に長い竹竿を渡し、その上に稲束をかけて乾燥させる。機械でも稲の乾燥はできるのだが、師匠の流儀は天日干し。手間ひまかけたぶん、うまさが違うそうだ。

支柱にする木の棒は、師匠の父親の代から使っているという年季もの。使い込んでいて、棒の表面がつるつるしている。

この棒を、三脚のように交差させて、木槌でかんかん叩いて深く土に埋め込ませる。これも手製の木槌。かーん、かーんと、木槌の乾いた音が、秋晴れの山に反響する。気持ちはいい。いいが、握力はなくす。

地上に浮き出ているほうの棒の端を、ひもできつく縛り、竹竿を渡す受け皿にする。ひもは、畳の縁の布を引きはがして、再利用したもの。これがいちばん丈夫だし、きつく縛れるんだという。何度も書くが、うまい農家はカネなんか使わない。貨幣でなんとでもなるというのは、田では薄ら馬鹿の思考様式でしかない。

お次は、竹竿を調達だ。もちろん、竹竿屋から買うんじゃない。近くの山に取りに入る。厳密に言えば、これは盗っ人？　裏山と言っても、だれか持ち主はいるんだろう。竹藪だって、勝手に切っていいとも思えないが、しかし、師匠のあとに黙ってついていく。

師匠がひょこひょこっと急な坂道を上がっていく。体力気力、消耗しているんで、追いつくのが精いっぱい。

師匠はひざの関節を痛めて、いつも少しびっこをひいているのに、動きが速い。それによく道が分かるな。

「小《こ》かころから、毎日、入っとるけん」

「なにしに来てたんですか?」

「ヒヨドリとかな、とって食うたい」

自分と同じ科の生物なのか、もはや疑問な師匠。

「これが、よかじゃろうかね」

師匠が手頃な長さの竹を素早く見つける。持参の鉈《なた》で、切り倒す。十二、三メートルはあるだろうか。倒れてきた竹を、一人で肩に担いで、田んぼまで運んでいく。意外に軽いか、と思ったのは山を降りるまで。そのあと、田んぼまで車道を歩いていくのが、きつい。三社祭で神輿をかついでるんかという重みが肩の上でバウンスして、いかれそうになる。無事、田んぼまで持っていけたのが、いまとなっては不思議だ。

だれのせいでもありゃしない

竹竿を、さっき土中に埋め込んだ支柱に渡して、そのうえに、いよいよ稲の束をかけていく。まずは、結束した稲を七分三分くらいにわけて、太い束と細い束が交互に手前にくるように、引っかけていく。これが一段目。

一段目が埋まっても、まだ稲束は半分ほど残っている。上段は、稲束を五分五分に分けて、引っかける。分けてねじり、分けてねじり。この繰り返し。握力なくす。

朝からの稲刈り作業で、もう夕方になっている。朝一時間だけ労働という「マイルール」には違反しているが、稲刈りだけは仕方ない。一日仕事だ。

見ていると簡単そうだが、この、竹竿かけが重労働だった。およそ一時間かけて、ようやくできあがった上下二段の稲束。壮観だ。あとは、防鳥網をかけて完成。スズメやサギが、食いにきやがるのを防ぐ。

防鳥網は、あらかじめ、近所のホームセンターで買っておいた。目が細かく、引っかかりやすい。

「アロハのボタン、からませんようにせんば。ボタンつけしてくれよる人もおらんやろ。太か声では、言えんばってん」

「大きなお世話っす」

からかう師匠に笑って言い返す言葉も軽い。いよいよ完成だ。

できた！　約半年の重労働ドラマの、ついに最終回一歩手前。素人目にも、かなりの収穫量で、ぶっとい竹竿が、重さで弓のようにしなっている。スペクタキュラー。師匠もさすがにうれしそうで、稲束の前、二人で記念撮影でもいたしましょうか。

……と、その瞬間。「ギギッ」。不吉な音がして、稲穂をぶら下げた竿が、斜めに傾き始めた。慌てて支えるが、そんなもん、プロレスラーだって支えきれるもんじゃない。いまにも崩れ落ちそうになる稲の束。

竹竿を支える木の棒が少なかったか。土への打ち込みが足りなかったか。

会社が火だるまになっても心は折れないんだが、苦労して竹竿にかけた稲穂が、最後の最後に崩れ落ちると、心がポッキー。折れる。しかし、このまま支えていたって、どうにもなるもんじゃない。仕方がない、あきらめて倒し、また、最初から。ほかに方法がない。

泣ける。

惨憺たるありさまの竹竿から稲の束を全部はずし、木の棒を引っこ抜き、握力なくした右腕で、また木槌を振り上げる。カーン、カーン。秋の夕暮れ、悲しい音が、低い山に反響してこだまする。

「泣いたって仕方なかよ。これも勉強たい。だ〜れのせいでもありゃしない〜♪」

みんなおいらが悪いのか。アニマルズ。パフォームド・バイ・尾藤イサオってか。師匠、古いよ。笑えない。

すべての作業を終えて、軽トラで家路についたのは、夕日がすっかり山に落ちるころ。くたくただ。

農本主義は大きなお世話

しかし、この日の作業は、とりわけ感慨深かった。農業のノの字も知らず、土いじりなんてまったくしたことのない世間の狭い男が、師匠の手取り足取りだが、こうやって働いていれば、土は贈与をしてくれる。馬鹿が植えて、阿呆が刈っても、米はちゃんと、実る。自然相手の仕事は、背筋が伸びる。慎み深くなる。畏《おそ》れ、といった気持ちが、わいてくる。

この粛然とした自然な感情が、「農業にはカネにならない大切な価値があり、社会の土台になっている」という信心にまで昂《たかぶ》ってくると、いまはやりの「農本主義」に転化することになる。

とくに都会に住んでいる者に顕著だが、農業といえばイコール自然・共生・癒やし・エコみたいな連想が働き、神聖視しがちになる。わたしはまったく、そう思っていない。むしろ、農業こそが、近代の様々な問題を準備した張本人だろうぐらいに、思っている。

近代に特徴的な欲望とはなにか。それは、「カネこそすべて」というエートスのことだ。なぜカネがすべてか。市場経済があまねく地球を覆い、なんでも交換可能になったから。カネがあれば、たいていのものは交換できる。その結果として、人間の持つ欲望じたいも、普遍化していった。一般欲望になった。みなと同じモノを、ほしがる。人間は、他者の欲望を欲望する。

そうした欲望が向かう、究極的な対象は、「カネそのもの」だろう。なにかを買うための手段であったはずのカネじたいが、目的化する。

こうした「近代的な欲望を鎮める」のが大事という農本主義の主張は、正しい。だが同時に、あまり意味がない、というか、有効ではない。大きなお世話、ご託、お説教ととられてしまっても、仕方がない。

ロールモデルがほしいんだ

近代的な一般欲望を持っている者、近代システムに生かざるを得ない人間に向かって、「近代的な欲望を抱くな」というのは、道徳・倫理の話である。年寄りが若者にご託を並べても、年寄りは気持ちいいかもしれないが、有効ではない。だれも、聞く耳、持ちゃしない。「清貧の思想」なんかどうでもいい。

そうではない。

さっきからあんたの言ってる欲望ってさあ、「カネがほしい」「好きなもの買って遊び暮らしていきたい」って、それ、なんか、いまいちじゃない？　いけてなくない？　オリジナリティー感じられない。自分がない。つまりは、かっこよくないんじゃないの？

そういうことを、口だけでなく、実際に自分の生活で、実地に見せてあげられる、そういう「大人」こそが、必要なんじゃないか。一般欲望にからめとられていない、だけどなんだか楽しそうな人間が、実際に身の周りにいることが大事なんじゃないか。生き生きと、自分の生を生き抜いている。そういう、ロールモデルがほしいんだ。

人間というのは、仕事がなければ生きていけない、社会的な動物だ。多くの人にとって、労働が、人生の過半だ。

そうした労働・仕事の局面において、生き生きと自分の生を生きている大人は、なんと少ないことだろう。多くの人にとって、労働とは、餓死しないためにするもの、甘受するもの、できればしないほうがいいもの、そういうものになってしまっている。「餓死したくなければどんな条件でも働け」という、現代の新自由主義者たちの脅しに、唯々諾々として屈する労働者が過半なのだ。

しかし、本来はそうではなかったはずだ。労働はいやいやするものではない。むしろ労働は悦びの源泉だった。他人から認められ、自分で自分を認めることができる、「承認」のよすがだったはずなのだ。労働だけが、自らを鍛える。

労働して生活の糧を得るという局面でこそ、生き生きと、自分らしく、決意した現存在として生き抜くことができるはずなのだ。

自分のほんとうに好きなこと、「これがなければ生きていけない、これに自分の短い一生を企投し、賭けるんだ」という対象たる労働を、死ぬ気で見つけ出せ。そして、それにしがみついて、しゃぶりついて、生き倒せ。

わたしがやってるのは、そういうスタンスの一例であるつもり。ライターという仕事に、短い一生をかける。しがみついて、しゃぶりついて、生き倒す。だから、百姓としては、やわで半端なのだ。むしろ、半端もんの百姓でなければ、いけないのだ。

農業こそ諸悪の根源

もっというと、農業やってりゃすべて解決ってわけではない。むしろ、農業こそ、近代の諸問題を準備した元凶だと思っている。

――農業をおろそかにした結果、愛郷心がなくなった。強欲資本主義や市場原理主義が世界を席巻するようになった。近代的な欲望全開の社会を生んだのだ。だから農本主義にたちかえり、自然のもとで、自然に包まれ、自然に生きるスタイルでいくべきだ……。

これは、そもそもにおいて、議論が倒錯している。技術史をひもとけば、事態はむしろ逆。

農業が、遠い昔に人間社会で決定的に重要な「仕事」になってから、強欲資本主義、市場原理主義、男根主義の芽が生まれたのだ。

わたしの田んぼは、たいへんな粘土質で、耕すのにやたら労力がかかる。だからこそ豊かな土地ともいえるのだが、それはともかく、古代社会の人間は、農業に従事するようになってから、粘土の存在を意識しだした。粘土は、最初、住まいの壁に塗りつけて利用していたが、じきに、土器にするようになった。土器は、焼くと固くなって、さらに使い勝手がよくなる。焼くためには、高熱に耐える窯が必要だが、その窯を用意したのも、農業が発見した粘土だ。

窯を改良して次第に五百度以上の高熱を出せるようになると、今度は、人間は金属を発見する。金属を道具として成型するには、高熱で溶かして柔らかくすることが必要だ。最初に青銅器時代があり、さらに強靭な金属である鉄器時代がそれに続く。鉄器は、もちろん武具としての需要もあったが、それよりなにより、農機具として求められた。より強い金属で、より強い家畜に引かせることによって、深く耕し、生産性を上げることができた。

農機具の必要性は、年月とともに増す一方だった。これまでのように、農業者が畑仕事の合間に農具も作るというようなことでは、とても間に合わなくなった。そこで、〈分業〉が生まれる。畑を耕す人間と、農機具を作る人間とが分かれるようになった。農業から工業が分離した。

社会的な分業は、当然のことだが、生産物の交換を促す。米や麦を作った者が、農機具を作った者と交換する。物々交換の規模がどんどん大きくなり、それでは不便ということで、やがて貨幣が生まれる。市場が生まれる。そして時は流れ流れて、ついには現在のグローバル市場になる。

何が言いたいかというと、農本主義が敵視している、敵視とはいわないまでも、農本主義が白眼視している市場というやつも、人類文明史の中においてみると、農業が導き出したシステムでもあるのだ。

そうやって交換が進み、分業が進み、生産性が上がってくると、こんどは、人間が生きていくために必要な量よりも、余分の農作物がとれるようになる。余剰生産物の可能性が生まれる。これはなにを招来するか。そう。おなじみ、〈権力〉が誕生する契機になる。権力だって、農業が生み出したものなのだ。

狩猟採集はマッチョじゃない

余計ついでにもうひとつ。男根主義についても書いておく。

農耕社会の前は、よく知られているように、狩猟採集が中心の社会だった。

——狩猟採集社会というのは、男性の力がものをいう世界。巨獣を倒して肉を洞窟に運んでくる力強い男こそ、女性にもてる。多くの女性を手に入れられる。一夫多妻の社会だった。狩猟採集社会から農耕文明に移行して、ようやく、腕力といった〝男性的〟な力が、重要性を持ち得なくなった。農業をうまくやっていく、まわりとの協調性や人間同士のコミュニケーション能力など、いわば「平和的な能力」が必要とされてきた……。

広く流布しているこうしたイメージは、じつは、とんでもない誤解だ。むしろ、狩猟採集社会のほうが、男性の女性に対する力、支配力は相対的に弱かったというのが、生物人類学の結論だ。

長い人類史のスパンでみると、移動しながら狩猟採集する食料探索型の社会の歴史は、農耕社会よりずっと長い。アウストラロピテクス以来の人類の歴史は、百万〜三百六十万年。農耕社会は、ようやっと約一万年前に始まったばかりだ。

現代の狩猟採集民には一夫多妻を認める社会もあるのだが、そもそもは、狩猟採集によって多くの女性を一人の男が占めるというのは、困難なのだ。肉となる獲物はどこに潜んでいるか分からないものだし、たとえ捕らえられても、冷蔵庫も冷凍庫もない時代、保管しておくことは難しい。一時的な所有物だ。

腕力や走力など、肉体的な力の違いで獲物の数に違いは多少でるだろうが、しかしそんなもの、農地の有る無しという歴然たる差に比べれば、なんのこともない。ほとんど、差などはないに等しい。また、男女でも、獲得量にさほど変わりはない。

少なくとも熱帯―温帯地方の食料探索型社会において「経済的」な貢献度は男性に極

端に偏っていない。子どもも、とくに幼児の世話にしても、父子の接触時間でみると食料探索型社会は農耕社会に比べて長い。結果として、男女の政治的な力関係は不平等にはなりにくい。

（内田亮子『生命をつなぐ進化のふしぎ』）

狩猟は男中心のマッチョ社会、農耕社会は男女協力社会。そんなふうに考えがちだが、事実はむしろ反対。農耕社会のほうが、肉体的な力や社会関係を利用して、土地を集積し、小作人を雇い、さらなる農産物を獲得、つまり〈権力〉を集中させることに、向いているのだ。そもそも、どのようにきれいごとを並べたとしても、虫やら、〝有害〟鳥獣やら、〝雑草〟と呼ばれる植物やらを、排除し、単一の作物を生産する、一種の工場が、田んぼだ。田んぼを耕せば、すべて問題は解決、なんてことでは、およそないのだ。

オルタナ農夫で重要なのは、プロになることではない。ミュージシャンなり画家なり作家なり、社会運動家だっていいんだが、そしてわたしの場合はライターなんだが、「これをできないなら死んでしまう」という強い希望があるなら、実存の契機がそこにあるならば、一生しがみつく。可能性にかけて跳躍する。そのチャンスを与えてくれるのが、農業なんじゃないのか。と、そう言っているだけなのだ。

わたしの未来が飛んでいく

一日がかりで、二回もかけた稲の束。刈り入れの日は疲れ切って、泥のように眠った。いよいよ、終幕近し、あとは一週間ほども天日にさらしておけばいい。

しかし、田の神は、これで終わらせてくれなかった。

翌朝。師匠から電話が入った。

「あんた大変じゃ。おいは泣いとっとよ〜」

師匠の口から決してもれない類いの、弱気な言葉。声の背後に、灰野敬二《はいのけいじ》のギター音みたいな、暴風雨の轟音が響いている。

台風十九号。瞬間風速三十五・五メートルという巨大な勢力を保ったまま、長崎めがけて直撃してきた。

九州は災害大国でもある。今年もなんども凶悪な台風が来襲したが、幸いなことに、いままで直撃は避けられた。それが、最後の最後になって、絶妙なタイミングでやってきやがった、招かれざる客。

おんぼろ軽トラで、風に飛ばされそうになりながら駆けつけた、わが田んぼ。思わず知らず、声が出た。

「あぎゃっ、稲束が！」

プロレスラーでも持ち上げられない、何キロあるか分からないほどずしりと重い、わたしの稲、わたしの一年、わたしの未来が、宙に舞って飛んでいる……。

自分はどこへ行くのか

翌朝。台風一過の青空が広がる。低山の緑の稜線と、真っ青な空とが、ナイフで切り取ったように、くっきりと分かれている。鳥の鳴き声が響く。のどかな秋の日。

朝の田に露みちて、
モズ高くなのりいで、
神、そらに知ろしめす。
すべて世は事も無し。

師匠は早くも立ち直り、早朝から自分の稲束をかけ直していた。

「何十年もやっとうて、こんなこと初めてたい。まあ、ネタにはなったやろ？」

半年も付き合ってるから、マインドがライターになっている。わたしはもはや、マインド農夫。ネタなんかいらない。天日干し作業が、一番きついんだ。

三度《みたび》、最初から稲束をかけ直すことになった。

しかし、この台風が過ぎてからは、秋の好天が続いてくれた。五日後の日曜、いよいよ脱穀と相成った。師匠の家に脱穀機を借りにいき、軽トラの荷台に積み込む。

「落ち穂、ちゃんと拾ったと？　拾っとらなんだら、脱穀もせんよ」

脅されるが、そこは自信がある。

台風が直撃した翌日、被害を心配して、地主家の若旦那が、師匠に内緒で手伝いにきてくれた。飛び散った稲束を集め、落ち穂拾いまで手を貸してくれる。

落ち穂拾い。地味だが、大切な仕事だ。刈り入れ時や天日干しの際に、ちぎれたり、飛んでいったりした稲束の破片を、ひとつずつ丁寧に、指でつまんで拾い上げる。「なんでこんなところに?」という田んぼの隅っこまで、なぜか落ち穂は飛んできている。

「うちの親父にも、よう落ち穂拾い、手伝わされました。『もったいなか!』って」

三年前に亡くなった父親は、米作りの名人だった。

「百姓は、落ち穂拾いが一番大事と!」

これは、師匠語録その七でもある。

「師匠の人生もこれからが一番大事ってことっすね」と、究極の憎まれ口で返したいところだったが、そこはぐっとのどの奥に飲み込んで、台風以来、毎朝毎朝、田んぼの隅から隅まで、腰をかがめて、うつむき歩き、落ち穂を拾って回った。

稲刈りを終え、きれいになった田んぼで、一人、腰に手を当て、歩く。干した稲束から、わらの香気が漂う。突き抜けて高い空に、トビが舞っている。静かに山水が流れるほかは、物音ひとつしない。

静謐《せいひつ》。serenity.

こんなふうに地面を見つめて歩くと、自然、考えるようになる。自分はなにもので、なんのためにここに来て、これからどこへゆき、なにをするのか。ミレーの名画「落ち穂拾い」で、農婦の顔がどれも思慮深く見えるのは、偶然ではない。労働は、人を、考える人にする。

実存とは「あしたのジョー」だ

ゴッホの絵に、農民のくたびれた靴を描いたものがある。農夫の苦闘がありありと浮かぶような、滋味のある絵。『存在と時間』の哲学者ハイデガーが、この絵を論じた文章を残している。

この靴という道具のくりぬかれた内部の暗い穴から目をこらしてみつめているのは、労働の歩みのつらさであります。この靴のがっしりした重みの中に、風がすさぶ畑のひろくのびて単調なあぜをのろのろと歩いたあゆみの根気がこめられています。（略）靴のなかには、大地のひびきのとまった呼びごえが、熟れる麦の贈与をつたえる大地の静寂が、冬の野づらの荒れた休耕地にみなぎるわけしらぬ拒絶が揺れております。この靴をくぐりとおるのは、パンの確保のための嘆声をあげない心労、ふたたび苦難を克服することができたというこどばにでないよろこび、生誕の到来による武者ぶるい、死の威嚇による戦慄が揺れております。（略）

幾度となく百姓女は日がくれてから、くるしい、しかし健全な疲労をおぼえながら靴をぬぎすてます。まだ日があがらない朝まだき再び靴を穿きます。（略）百姓女はそのたび、観察することも省察することもしないのに、僕がさきにのべたことをのこらずしるのです。

（ハイデッガー選集一二『芸術作品のはじまり』）

この百姓の靴は、わたしにとってのアロハシャツだ。朝まだき、アロハに袖を通すたび、新自由主義者による死の威嚇、稲の贈与をつたえる大地の静寂、苦難を克服することができたよろこびを、観察するでも省察するでもないのに、ただ、のこらずしるのです。

ゴッホの百姓靴は、有るところのものを開くアレーテア（かくれていないもの）だと、ハイデガーはいう。大地と向き合う。何かを生み出す。そこに、自分の存在の意味が明るみに出る。

自分とは、まだ自分でない「なにものか」になろうとしているから、自分であり得るのだ。世間が決めた「だいたいこんなところ」という存在で居続けるのなら、それは自分ではない。世人だ。燃えて燃えて燃え尽きて、骨さえ真っ白な灰になってしまうように生きて、死ぬ。実存とは、つまり「あしたのジョー」なんだ。

吉と出るか凶と出るか

むきになって毎朝一時間、落ち穂を拾ってうつむき歩いた。もう、ひと粒も、田んぼには落ちていない自信がある。

丁寧に拾い集めた落ち穂は、別袋につめて天日干ししてある。

「これ、丼飯で何杯分ありますかね。四杯分くらい？」

「いやあ、四杯じゃ、いわさんやろ」

師匠との軽口もはずむ。

師匠に脱穀機を借りる。軽トラの荷台に載せて、田んぼ近くまで運び、小型クローラーで地面に降ろして据え付ける。そこに、天日干ししていた稲束を、わっさわさとぶち込む。脱穀機が、稲束から籾《もみ》をそぎ落としていく。腰の高さまである大きな袋に、籾米がじゃかすか入る。みるみる三袋がいっぱいになった。

ぱんぱんに膨らんで、何キロあるんだか分からない、ずしりと重い宝の袋。ファイト一発で担ぎ上げる。

「あんた、強かね。なかなか肩に載せきらんとよ。東京もんじゃなかばい？」

だから東京・渋谷生まれのセンター街育ちだってばさ。半年付き合って、じつは名前もたまに間違えて呼ばれる。

「認知症の始まりだから、しっかり覚えてくださいよ」

と、言い返すほどには、しかしこちらにも余裕がない。軽トラの荷台まで、三往復のよろけ足。

いよいよ最後だ。近所の籾摺《す》り場に籾米を持ち込む。いくら籾米が重くても意味はない。籾を摺り落としたあと、玄米が何キロ残っているかが勝負だ。

「実が入ってない米も多いとよ。白穂《しいら》って言いよるけん。機械で吹き飛ばされて飛んでいきよるんよ」

籾摺り場で働くご婦人が、教えてくれた。

「あんた、ここらで米作りしよる風変わいの人な？　そりゃ、分かるとよ、こんなシャツ着とらしたら」

刈り入れどきで、籾摺り場も混雑している。自分の順番が回ってくるまで、どきどきしながら夕暮れ時の日なたで待つ。吉と出るか凶と出るか。結果は一時間後に分かる。

飢え死にはしやしない

「何キロあったろうかね？」

籾摺り場でいったん別れた師匠から、あとでわたしの携帯に電話があった。最後まで心配してくれたかっこうだ。

聞いて驚くなよ。八十五キロ！

当初のわたしたちの計画では、一俵（六十キロ）あれば、男一匹一年間、まずは余裕で食っていける、というもくろみだった。つまり、当初計画の一・五倍。大豊作といっていい。

玄米にして、まるまる二袋と半分。籾摺り代は一袋四〇〇円だが、二袋分にまけてもらって八〇〇円。袋代が三つで一二〇円。計九二〇円。

ど素人の米作りの、これが最後の出費だった。四月、一番最初に買ったのが軍手で一ダース一九八円。一番高かったのが粗大ゴミみたいな軽トラ一〇万円。軽トラなど初期投資を除けば、田んぼ本体にかかるカネは、意外なほど安かった。せいぜい年間一、二万円。

まずは一年分の生活費と、別途二〇万～三〇万円も貯めておけばいいのだ。会社がなくなっちゃおうと、クビになろうと、発注仕事が細ろうと、ライターをあきらめない。田んぼに立つんだ。飢え死には、しやしない。

兵糧はできた。だが、これはスタートラインだ。このうえは、恐れずひるまず、書きたいことを、書くべきと信じたことを、書くまでだ。

あとは、どう生きるか、だ。

今まで何度倒れただろうか
でもおれはこうして立ち上がる
そうさ　やる時はやるだけだ
おれは負けないぜ　そう男
「頑張れよ」なんて　いうんじゃないよ
おれはいつでも最高なのさ
おれは不滅の男　おれは不滅の男

（遠藤賢司「不滅の男」）

第10章 この社会を生きのびるには!?

田舎の美しさ……それは資本主義
では得られない恩恵
毎日、夕日とともに昇天
逝きそう
朝日とともに生き返る……
都会人には真似できない
オルタナアンチエイジング術です

ど素人の約一年の冒険は、思いもかけない大収穫で幕を閉じた。部屋に運び込むにも一苦労の、大きな米袋が三つ。なかには、ぎっしりと玄米が詰まっている。このまま炊いて、はやりの玄米食にしたっていい。田舎にはどこにでもある、コイン式の精米器に持ち込んで、好みの白さに精米しても、いい。

いままではいつも、スーパーで袋詰めにされた米を買っていた。コイン式の精米器なんて使ったことない。だからここでも、例のとおり、間抜けすぎるへまをやらかし、米粒をばらばらと床に落としてしまったのだが、もはやそんなことさえどうでもいい。精米したて、ほやほやの新米は、ぬかの香気が立ちのぼり、土の匂いがする。自分で研いで、自分で炊いた米の、なんとまあ、白く輝き、甘かったことか。米がひと粒ひと粒、プリプリと立っている。

秋晴れに晴れた、好天の日が続いていた。突き抜ける青い空に、白雲の一片もなし。ライターとしての自分の幸先を、天が祝ってくれているように思えた。

空は青雲は白いというほかに言いようないねじっと空を見る
どこまでが空かと思い結局は地上すれすれまで空である　奥村晃作

こんな青空には、どこかで見覚えがあった。

心配事などなにもなく、気分が晴れ晴れとして、その気分とシンクロするように、空も晴れ渡っている。そんな青空。いつだったっけ……。

同時テロの現場にいた

思い出した。

二〇〇一年九月十一日、ニューヨーク、晴れ。

雲ひとつない、秋の高い空だった。

朝、自転車で見慣れた摩天楼の景色を走る。風の匂いが鼻をくすぐって心地よい。ニューヨークの、短い秋の始まりだ。

自転車で目的地に近づくと、平和な朝の風景が、地獄絵図に変わっていた。救急車、消防車のけたたましい警笛が鳴り響く。自分の自転車とは反対方向へ、人がどんどん逃げていく。世界貿易センタービル（ツインタワー）北棟の土手っ腹に、大きな穴が開いている。穴の内部から、黒煙がもうもうと立ち上がっていた。

現場に着いた、その瞬間だった。

ゴーン！

金属片と金属片がぶつかり合うような、異様な音が上空にこだました。二機目が、南棟に突っ込んだ瞬間だった。

その後はご存じのとおり、テレビで何度も繰り返し映し出された惨劇が、目の前で繰り広げられた。

この時点では、テロリストにハイジャックされた旅客機が、ツインタワーをめがけて自爆攻撃を仕掛けていたとは、つゆとも知らない。

バリバリバリッ！

数時間後、今度は空気が切り裂かれるようなものすごい音がした。一瞬、昼間の落雷だと思った。頭上で高層ビルが崩れ始めていた。

ニューヨークを象徴する、アメリカの資本主義とその繁栄を高らかに誇る摩天楼が崩れた。宏壮《こうそう》で華麗なビルディングが崩れるとは、だれも予想していなかった。それが、なんともあっけなく崩れた。絶対だと信じ切っていたものも、崩れることがあるのだ。わたしは、その現場にいて危うく死にかけた。

資本主義のからくり

大きな世界史的文脈でみれば、この未曾有のテロリズムは、搾取される側から、搾取する側への、強烈な異議申し立てであったともいえる。

近代の資本主義社会は、その原理は、簡単というか、粗野というか、分かりやすい搾取システムだ。欧米メジャーに代表される石油会社が、中東など産油国から、きわめて廉価に原油を入手する。それをアメリカやヨーロッパ、それに特別に欧米社会に仲間入りを認められた、わが日本へと引き渡す。これらを原料に、先進国が付加価値をつけた工業製品――鉄鋼であったり、大型機械であったり、船舶であったり、やがて時代は移って、自動車、家電、精密機械などになるのだが――を作る。それを資源国に売りつける。

つまり、近代の資本主義には、資源国という〝辺境〟が、絶対に必要なのだ。辺境からエネルギーを安価に仕入れ、自分たちの国で加工して付加価値をつけ、製品としてまた辺境資源国に売りつける。その無限の循環運動によって、毎年毎年、経済規模が成長する。

二十一世紀に入り、ＢＲＩＣｓなど新興国に経済成長ブームが起きた。同時に、オキュパイ・ウォールストリートなどに代表されるように、欧米の先進国の若者の間で、閉塞感が広がり、格差が拡大していった。両者には、つながりがある。

先進国に生まれようと、もう「成長」という物語は描きようがない。たとえいまは苦しくても、十年後には、今より豊かな生活を送れる。父親や祖父の世代には当たり前だった、そういう人生設計は、描きようもないのだ。

いい、悪いの問題ではない。冷厳たる事実なのだ。

少し考えれば分かるように、地球上のエネルギーには、当然、限界がある。石油も、天然ガスも、無尽蔵にあるわけではない。

科学技術の発展は無限なので、太陽エネルギーや水素エネルギーや再生可能な自然エネルギーで、石油より廉価で安全なエネルギーを獲得することだって、不可能ではない。

だからこそ、成長をあきらめてはいけない。

そういう論理は、あり得る。

しかし、もっと重要なのは、〝辺境〟には限りがある、ということなのだ。科学技術の発達で、仮にただ同然の自然エネルギーを人類が手に入れることができたとしても、結局、そこまで、なのだ。

エネルギーがゼロ円になったとしたところで、製品を売りつける〝辺境〟としての市場には、限りがある。車、冷蔵庫、カラーテレビなどといった、日本の高度成長期の三種の神器のような商品が、アフリカ大陸の隅々まで普及したあたりで、あるいは、欧米日のような少子高齢化する先進国で、高齢者一人につき二台の介護ロボット、なんてあたりまで市場が成熟してくれれば、もう売りつける市場は、ない。

製造費をなるべくおさえ、売り上げを前年より伸ばす。その差の付加価値分の伸びが、経済成長だ。だから、努力するとか、しないとかではなく、イノベーションがあるとかないではなく、二十世紀型の資本主義のシステムには、原理として、限界が設定されているのだ。

逃げろ、創れ、切り抜けろ

では、どうすればいいのか。成長が望めないとしたら、いまの若者は、ずっといまのまま、せいぜい一〇〇万円程度の年収で、結婚もあきらめ、多くは非正規の不安定な労働者として、運よく正社員になれたとするならば、「二十四時間戦えますか」な時代錯誤の企業戦士として、私生活も心も売り渡す、ブラックすれすれのグローバル企業に滅私奉公する、二十一世紀型の奴隷として、生きるしかないのか？

それしかない。というのが、新自由主義者だ。飢えたくなければ、二十一世紀の新しいルールの下で働け。

「〇〇しかない」

なにかを強圧してくる人の言いぐさは、歴史上、みな、同じだ。

「そうでもないんじゃねえの？」

あらゆる強圧を拒むパンクスの言いぐさも、じつは、いつの時代でも同じなのだ。

パンクスの核心は、なにも、ある音楽的な傾向やら、反権力、反社会、反体制の「まねごと」にあるのでは、ない。では、パンクとはなにか。極言すれば、ＤＩＹ精神。それだけでいいんだ。

Do it yourself.

自分のほしいものがそこにないなら、自分で作ってしまえ。破壊じゃない。創造。「成長よりほかに道なし」というスローガンに酔えないなら、そんな社会にはあっかんべして、すり抜ける。闘争じゃない。逃走。ほかの生き場所、生き方を探す。それが、へんな造語だが、「オルタナティブ・ライフ」なんだ。

別に変わったことはない。戦争で焼き殺された者もいれば、温められた者もいる、ちょうどその中におかれるか、前におかれるかで、火が拷問にもなれば慰安にもなるようなものだ。要は、うまく切り抜けることだ。

（セリーヌ『夜の果てへの旅』）

資本主義は、あきらかに終末期を迎えつつある。しかし、その断末魔の最後のあがきで、これから、ごく一部の富裕層はますます富んでいくし、先進国の政府は、ますますその富裕層に支えられ、富裕層の御用聞きに成り下がっていくだろう。マルクス、エンゲルスは、「万国の労働者よ、団結せよ」と書いた。いやいや。労働者は、団結などしやしない。万国の富裕層こそ、がっちり団結している。カネには、色がついてないから。カネには、国籍も人種も関係ないから。これからも、万国の富裕層はがっちり団結し、そのことによって、カネを持っている人間がますます有利になるような法、政府、労働制度を作り出すことだろう。

そんな世界を変革することが、ここでの目的じゃない。世界は、どちらの方向へ向かおうが、良くも悪くもなりはしない。世界は、常に醜く、生きるに値しない。ただ、世界の、人間の、真実を見つめるだけでいいんだ。

黒く塗りたくること、自分をも黒く塗りたくること　（セリーヌ）

世界は良くも悪くもなりはしない。ただ、人間の、世界の、真実を見つめる。それだけで、いい。自分を少し、自由にする。

「カネで買えないモノはなにもない」と、かつて豪語した六本木ヒルズ族の間抜け野郎がいた。まあ、六本木ではそうなのかもしれない。言わせておけ。

それに反論するんじゃない。黒く塗るんだ。すなわち、カネがなくても、できることはある。それを、ほかのだれでもない、自分で示してしまえばいいんだ。Do it yourself.

結局いくらつかったか

十月。刈り入れどき。農家でもっとも人手が必要とされるとき。

いつもど素人のわたしを手伝ってくれ、教えてくれる師匠のところの田んぼ。その刈り入れ日はいつなのか、会話のなかでそれとなく探っておいた。当日、何食わぬ顔で、師匠の田んぼに顔を出す。「自分のところの刈り入れの練習っすから」と照れ隠ししつつ、素人は素人なりに、力仕事を無理やり手伝う。

師匠にはこれまで、さんざん機械を借りたり、田んぼ仕事を教えてもらってきた。カネでは返せない恩義がある。こんなことくらいしかできないからやっている。それはそうなんだが、しかし、そもそも春の四月、「カネを払うから機械を貸せ」「田作りを教えろ」と頼んだとしたって、腰を上げる農家は、いなかっただろう。

田では、貨幣でモノは動かない。

ところで、そのカネだ。いくらかかったのか？

粗大ゴミみたいな軽トラが一〇万円。これが、一番大きい出費だった。半年間、家と田んぼを往復するガソリン代が計二万二〇〇八円、トラックシート三七九一円。車関係の出費が、一番大きい。

田んぼ本体では、最初に買ったのが軍手一ダース一九八円。シャベル八一八円、田植え足袋二八五一円、苗に四二〇〇円、農薬ヘリ散布二〇四二円、化学肥料二八三〇円、基肥三〇四六円、防塵マスク二六〇九円など。

しめて一五万四三〇五円。

意外に、少なくないか？

軽トラや田植え足袋、シャベル、あぜ波なんかは、初期投資。毎年かかるってわけじゃない。狭い田んぼだから、肥料は、来年も使える。

軽トラだって、あればたしかに便利だが、田んぼと住居が歩いていける距離なら、絶対になくちゃならないってわけでもない。毎年、絶対に必要なのは、苗代四二〇〇円くらい。

いや、これだって、苗から自分で作ると決心すれば、収穫した米でできてしまう。事実、地主家の若旦那のお父さんは、わたしの田んぼの脇に苗床を作って、苗も自作していた。

人は、カネがなくても生きていけるのか？

生きていけるに決まってんだろ馬鹿野郎。貨幣の起源は不明だが、たとえばもっとも古い金属貨幣は、リュディア王国やペルシャ帝国で、せいぜい二千年ほど前。人類の歴史は三万年だ。音楽やダンスの歴史は、人類創成とほぼ同時。人は、音楽や踊りがなければ生きていけない。しかし、カネがなくても生きてはきたんだ。

なにも、原始人みたいな生活をしようと言っているのでは、ない。生活費は人それぞれ。自分は、流行の洋服や外食なんかは興味ないけれど、本とレコードがなければ生きていけない。図書館やユーチューブだけではだめなんだ。だから、その分は、貨幣を稼ぐ。

それぞれの生活スタイルで、「ここは削れない」という出費がある。だからその一年分の生活費と、まあ、そうね、せいぜい三〇万円ぐらいを余計に貯めておけば、いいんだ。出版業界が冬の時代であろうと、自分の勤める新聞社がつぶれちゃおうと、あるいは逆に、こんな本なんか出して会社ににらまれクビになろうと、どうってことはない。書くことをあきらめるな。田んぼに立つんだ。

土は、裏切らない。土は、求めない。土は、搾取しない。

自殺する元気があれば

日本の自殺者は、先進国として、異常な多さだ。

自殺の原因は、病気や貧困がトップにあげられている。人が死を選ぶのは、生活苦だけが理由というほど単純じゃないだろう。複雑に理由が絡みあっているはずだ。しかし、仮に、会社がつぶれて死ぬ、就職活動で心身をすり減らして死ぬという人がいるのなら、「まだ試みることがあるんじゃないの？」と言いたいだけなんだ。

作家のカフカにとって、幼いころからいちばん身近な逃げ道は、自殺を考えることだった。自殺することではない。自殺を〈考える〉こと。

「何ひとつできないおまえが、自殺ならできるというのか？　よくまあそんなことが思えたものだ。自分を殺せるくらいなら、もうそんなことをする必要などありはしない」

そう書いた。百パーセント正しい。自殺をするくらいの元気があるなら、生きてみろ。鶴見済《つるみわたる》『完全自殺マニュアル』を読むといい。自殺するのも、けっこう面倒くさいものなんだ。電車に飛び込みでもしようものなら、あとに残された家族は、莫大な損害賠償に苦しむことになる。資本主義社会では、死さえ、カネのかかるものなんだ。

こんな面倒をするくらいなら、まだ生きていたほうが簡単だ。田んぼ仕事を、簡単だとは言わない。甘くはない。しかし、少なくとも、東京・渋谷育ちで、土いじりなどしたことなく、ミミズさえさわれないヘタレで、しかも協調性ゼロの独善男でも、まあなんとかなった。食い扶持は得られた。

「朝一時間だけの労働」をルールとして厳しく自分に課した。だが、毎朝一時間も田んぼに立つ必要さえ、じつはなかった。

一年やって、なんとなく方法が分かった。来年も、もっと改良してできる自信がある。あまった朝の時間で「おかず」でもとってこようかと、妄想している。田舎は、海が冷蔵庫、土が貯蔵庫。そうやって、みんなが独自に工夫して、自分だけの『完全自活マニュアル』を書いてしまえばいいのだ。自殺するより、簡単だって。

死ぬ元気があるなら、生きてみろ。生きている間は、生き生き、生きるんだ。

急げや急げ、閉店セール

わたしがやったような「なんちゃって百姓」、「朝だけ耕」、「オルタナ農夫」は、日本列島、場所はどこでもできる。だが、タイムリミットとは言わないが、「やりどき」がある。

二〇一四年に日本創成会議が発表した「消滅可能性都市」のリストは、日本中に衝撃をもたらした。「人口減少に手を打たなければ、全国で八百九十六の市区町村に、将来消滅する可能性がある」という内容。わが諫早市も、その消滅可能都市に堂々、名を連ねている。

若い女性（二十〜三十九歳）の半数以上が街を出ていくかどうかで、人口増減を算定する予想で、そもそもの予測方法からして批判の余地がある。しかし、ここではそれを問題とせず、実際、創成会議の予測のとおりに事態は進むと仮定しよう。二〇四〇年に、諫早市も消滅する、としよう。

『地方消滅』という本では〈地方〉が消滅するといっているが、実際、地方が消滅するはずがない。米がとれる豊かな土地があり、山の森が雨を貯め、水がこんこんと湧き、海に魚が泳ぎ、山にイノシシやシカが跳びはね、戦乱がないような場所ならば——そして日本列島は、古来、もともとそんなところばかりなのである——必ず人は生息できるし、事実、生息している。本の編者の増田寛也《ますだひろや》氏（岩手県知事であり、地方行政を統括する総務相でもあった）らが、「消滅する」と焦っているのは、地方〈自治体〉のことだ。地方ではない。市や町や村やの地方自治体、役所が消滅してしまうと、あせあせしているのだ。

ある程度のスケールで、まとまって人が住んでいてくれないと、地方自治体のサービスは成りゆかない。病院やらごみ収集やらバスなどの公共交通網やらは、人口が少なすぎると、整備も維持もできない。喧伝されている「コンパクトシティ構想」というやつも、「行政のサービス維持がたいへんだから、田舎もんはまとまって住め」という、お上からのお達し、転地命令なのだ。

そんなものに、従う必要はない。ないけれど、公共サービスが維持できているうちに、限界集落のような土地に移り住んで、オルタナ農夫をしてみるというのは、一考の価値は絶対にある。タイムセールみたいなもんだ。

そういうような場所では、土地はありあまるほどある。家の近くの耕作放棄地なんて、すぐ見つかる。東京暮らしに比べれば、物価は笑っちゃうほど安いし、そもそもあまりカネを使わなくなる。わたしなんて、諫早に引っ越して買った、たとえば衣類は、寒い日の野良仕事でアロハの下に着る長袖Tシャツ五〇〇円、四枚計二〇〇〇円くらいだ。

半農半Xは性にあわない

「半農半X」というコンセプトが、一部で話題になったことがある。持続可能な「小さな農」と「天与の才（X）」を世に活かし、社会的な問題を解決するもの、だそう。「コンセプトメイクがライフワーク」という塩見直紀《しおみなおき》氏による造語で、いくつか本にもなっている。

塩見氏は、無農薬で手作業の田仕事にこだわる。田植えの光景をつづる一節に、こう書いている。

田植え用長靴ははかず、裸足になる。半農半X人にとって、裸足であることも大事だ。暑くなってくると、額から汗が水面に落ちる。私が稲に、田んぼにしてあげられることは、もしかしたら、汗を落とすことだけかもしれない、と思うようになった。一滴の汗は、田んぼに生息する他の生命への、人間からの小さな小さな贈り物である。裸足、手作業、汗——とても大事にしたいことである。

（塩見直紀『半農半Xという生き方』）

わたしは、ここでもう、ついていけなくなる。否定するわけでは、まったくない。むしろ逆。ある意味、尊敬する。ただ、わたしにはできない、と思うだけ。

前述したように、虫が嫌いで、裸足で田んぼに入って黒いヒルがわが足をはいずり回ってると想像するだけで、卒倒しそうになる。「血のめぐりがようなって、かえってよかたい。賢うなる」と豪快に笑っている師匠には、とても追いつけないし、追いつくつもりもない。

開き直りだが、「自然に帰れ」的な無農薬農業やら、半農半Xだけである必要も、ないいんじゃないか。都会者の、堕落した、半端な、ヘタレ農夫が生きていたって、いい。

わたしは、そもそもの最初から、朝一時間だけしか農作業はしないというルールを、自分に課している。だから、半農どころじゃない。朝だけ農。

「半農半X人にとって、裸足であることも大事」というコンセプトも、よく分からない。汗は田んぼと、田に生息する生命に贈るプレゼントって、どんだけ小さなプレゼントなんだ？　土や水や太陽やが、われわれに贈ってくれる無償の贈り物に比べると、いや、比べるなんてとんでもない。贈り物も、あまりにせこいと失礼になる。

それに、どんなに〝自然〟に見えようと、田んぼというのは、自然に反するものだ。土地の一角に、稲という一種類の植物だけを育てようとする人間の営みだ。他の生物にとっては、迷惑でしかない。どんなに無農薬、有機農法であっても、そこは変わらない。

半農半Xを否定はしない。ただ、〝堕落〟した朝だけ農も、まあ、そんな邪険にしないで認めてくださいよ、小さくなって隅っこでやってるからさ、というだけなのだ。

田舎はなぜ便利なのか

東京とニューヨーク以外、長期にわたって地方に住んだことはない。長崎県諫早市が生まれて初めての地方経験。

私の住む家の目の前が、本明川。土と水が多く、放熱されるから、夏も、エアコンいらずで涼しい。夏の早朝、有明海から朝日が昇るのが見える。朝日に手を合わせて拝んでから、田んぼへ出勤する。軽トラ通勤の道は、橘湾をのぞむ海沿いのドライブウェイ。陽光が、波のない穏やかな海面に砕けて輝く。

田んぼから帰って、今度はライター仕事に没頭する。夕方、ひとまず書きものを終える。書斎の窓の外、山のかなた、大村湾の方角に夕日が沈む。大きなオレンジ色の球が、山の深緑に隠れる。ビールを飲む。

逝きそうになる。

日本の田舎は、ほんとうに美しい。諫早でなくとも、どこでも、日本の地方の自然には、ほとんど、目くるめく。


風にゆらぐ稲田の波、個性の発達に資することの多い群島の変化に富む輪郭、柔らかな色合の季節季節の不断のたわむれ、白銀に光る空の微光、飛瀑のかかる山々の緑、青松をめぐらす海辺にこだまする大洋のひびき、――これらすべてのものから、柔和な素朴さ、浪漫的な純粋さが生まれ、それが日本の芸術の魂を和らげ、それを、中国芸術の単調な幅広さへの傾向からも、またインド芸術の過重な豊麗さへの傾きからも、同時に区別するものとなっている。

（岡倉天心『東洋の理想』）

田舎は美しい。そして同時に、田舎には、都市生活者と等しい便利さも供給されている。上下水道は完備されている。電気の通ってないところなどない。ガスも、プロパンガスなら買える。どこへいくのも、コンクリートの舗装が行き渡っている。道路もトンネルも橋も、快適だ。インフラは、十分すぎるほど十分、整っている。

これは、戦後七十年の、自民党と官僚による、土建行政のおかげである。

ごくおおざっぱに言えば、敗戦後からの七十年、自民党の天下が続いているのは、地方の農林漁業など第一次産業従事者と、中小の自営業者が、がっちりスクラムを組んで、自民党の先生方を支援してきたおかげである。国からさまざまな支援を受けた農民らが、農協など集票マシンを通じ、自民党の地方代議士をがっちり支えてきた。

日本国のしくみ

一方で、都市に住むサラリーマンは、政治に無関心だ。それは、カネ＝税金に、無頓着だからだ。

多くのサラリーマンは、確定申告などしない。面倒くさいから。だが、一度でも真剣に確定申告をした人間なら分かるが、この国は、確定申告をして、必要経費をばりばりに請求し、なるたけ利益を少なく申告し、税金を安く上げてきた（あるいは払わない）事業者のために、できている。

だから、「手続きは会社任せ」のサラリーマンから、税金や社会保障費をむしり取って、国を運営している。都合のいいことに、サラリーマンは黙って税金を払ってくれ、しかも、自分は税金をいくら取られているかも意識しないから（確定申告していないので、知らない）、税金の使い道についても、うるさいことを言ってこない。政治には無関心の無党派層。

政治意識の高い地方の農民や小規模自営業者や大企業の経営陣と／「政治なんておれには関係ない、なにも変わらない」と無関心のサラリーマン。

ごくごくおおざっぱに言って、それが日本国の成り立ちだった。

農林漁業の第一次産業従事者や、小規模事業者や、それにもちろん大企業やは、選挙の際には票を固めて持ってくる。あるいは寄付金を多額にする、パーティー券を大量に買う。自民党にとって「お客さん」だ。そのぶん、いちいちうるさいことも要求してくる。

一方、もの言わぬ納税者であるサラリーマンは、客でもなければ敵でもない。通行人。傍観者。

そういうわけで、人口が少なく、これから増える見込みもない地方に、立派な道路、橋、トンネル、漁港などができ、新幹線が日本列島を縦断し、高速道路網がぶち抜く。

いや、なにも批判をしているのではない。事実を言っているだけなんだ。

田舎は、まだ美しい。そして、便利なのだ、と。

それは、繰り返すが、戦後七十年、自民党と官僚とががっちり組んで、公共事業でカネをばらまき、コンクリで地面を固め、地方を改造し、その見返りに、固めた票を選挙で受け取ってきた、サイクルの結果だ。

高度経済成長の時代なら、それでも、まあよかった。都会のサラリーマンだって、文句は言いつつも、マイホームのローンを組み、退職金で完済し、年金暮らしを悠々自適に楽しむ。それなりに幸せなライフプランを立てられた。

ところが、経済成長というやつが原理的に極めて難しくなっている現代では、このサイクルは回っていかない。むしろ、いままで地方に無理して作ってきた都市インフラを、維持していけなくなっている。国がさかんに盛り上げようとしている「コンパクトシティ構想」というやつも、だから、先にも書いたように、田舎の住民への「転地命令」なのだ。

田舎は、美しい。そして、便利だ。

だが、その便利さには、タイムリミットがあるというのも、だから明らかなのだ。

八方丸く収まる解決法

もの言わぬサラリーマンが黙々と税金を納め、地方の人々が必死に選挙で支えて肥えさせた自民党と、中央官僚の途方もない権限によってできあがった、いまの日本の地方の便利さ。その便利さを、「店じまい」をする前に、吸い尽くす。というか、取り戻す。自分の取り分を、正当に返してもらう。なにを恥じることがあるものか。

日本の地方の風土の美しさは、先に引用した岡倉天心が指摘した時代と、さほどには変わっていない。田舎の人々の気質の穏やかさ、優しさは、わたしのような都会者には新鮮で、感動ものだ。これだって、東京や大阪など大都会に出ないで、田舎の地にとどまり、日々の暮らしを営々とつないできた「田舎人」のおかげでもある。

地方の店じまいの時刻は迫っている。急げや急げ。閉店休業前の大セール。日本の田舎とは、なにも西の果て諫早までこなくても、東京の近くの関東近県であろうと、どこでもいい。どこでも土地は余っている。休耕地を借りて、田んぼをしちゃえばいいんだ。

もしも、そんなオルタナ農夫が増えてくると、迷惑か？　そんなはずはないだろう。ヘタレ農夫であろうと、人は人。地方で人口が増えれば、こんなにいいこともないはずだろう。

朝だけ農夫をする。あとは小説だろうと絵画だろうと音楽だろうと陶芸だろうと、なんでもいい、自分の好きな道を追求して、それでもなんとか食うだけは食っていける。物価も安くて、人もよく、暮らしやすい。となれば、若い女性だって、結婚し、子どもを産む気にもなるだろう。ブラック企業から解放された男だって、子育てや家事を手伝う時間はあるはずだ。「地方消滅」とやらも、解決するはず。

八方丸く収まる。万々歳。大団円。

……グローバルな大資本以外は、ね。

資本は必ずつぶしにくる

もしも、この本がベストセラーになり、世の中に変人が増え始め、わたしのような、けしからんオルタナ農夫が、数十万人の規模で全国に発生したとしたら、どうなるだろうか。

いまから想像がつく。グローバルな大資本は、必ずオルタナ農夫をつぶしにくる。彼らの〝番犬〟である国家に吠えたてさせ、追い散らかしにくるはずだ。「小規模農の流行によって、土地の有効利用が妨げられている」「農業のグローバル化の障害になっている」とか、ある意味、正論をかかげてくるだろう。メディアに報道させて、法規制をかけてくるはずだ。オルタナ農夫の存在を、消そうとするに違いない。

なぜか。

困るからだ。グローバルな大資本にとって、田舎で、そんなに豊かではないが、それなりに食っていけて、のんきに好きなことを追求して、自由に生きている、まあつまり、「幸せな人間」が大量にいてもらっては、困った事態になるのだ。

前にも書いたように、アメリカ、イギリス、日本など、いわゆる先進国で新自由主義がここまでのさばっているのは、「飢えの恐怖による支配」があるからだ。「もしかしたら自分も飢えるかもしれない、貧困層へ落ちるかもしれない」という恐怖を蔓延させて、「安い給料でも仕方がない、仕事がないよりましだ」という気にさせる。

ブラック企業すれすれのところでも、正規雇用であれば、まだいいだろう。文句を言わずに働け。ほかに、食っていく方法なんかないぞ。

多くの都市労働者を、そう、洗脳している必要がある。

だから、田舎で、自分が食うだけの米を作るなんてオルタナ農夫は論外だ。労働は確かにきついが、しかし手仕事で労働の意味を取り戻しているからむちゃくちゃ楽しく、だれにもこづき回されないから自由で、結果、そこそこ豊か。こんなのは、生きていてはいけない種類の人間なのだ。

まあ少数なら見逃してもくれるが、こうした生き方が大きな社会潮流になってきたら、絶対に、つぶしにくる。歴史が証明している。

十六世紀のイギリスで、エンクロージャー（囲い込み）という運動があった。エンクロージャー以前の地方の農民には、コモンズと呼ばれる共有の土地があって、そこで薪を集めたり、家畜に牧草を食わせていたりした。そういう一種の慣習が、長く続いていた。

しかし、イギリスで産業革命が起き、工場制資本主義へと大きく転換していく時代の変わり目になると、事情が変わってくる。イギリスが、「世界の工場」として君臨していくためには、何が必要だったか。もちろん、産業革命によって効率的になった大工場だ。大規模工場を建てるための巨額な資金も必要だ。だから金融資本が台頭する。

そして忘れちゃいけない、都市部に住んで工場へ通う労働者が必要だ。それもなるべく安価で、長時間労働でこきつかえる、ときには子供だって危険な仕事をさせる。そういう便利な労働者が、絶対に必要だった。

そんな便利な労働者は、資本や国家の都合のいいように、自然発生的に出てきはしない。創り出さなければならなかった。地方で自由に、それなりに豊かに生きているならば、だれも好きこのんで都市部に流れ込んで、不潔で狭い住居に押し込められて、長時間、工場に縛り付けられて働きなんかしない。そうしないと飢え死にしてしまう、ほかに道がない、つまり「飢餓による貧困への恐怖」「飢えの恐怖による支配」がなければ、だれも都市部で工場労働者になんてなりはしない。

だから、当時の資本と、資本の番犬であるところの国家は、労働者を創り出した。本来は資本に頼らなくても生きていけた地方の農民を、自足経済から切り離していった。エンクロージャーの本質は、そこだ。

共有地から切り離された農民は、都市部に流れていくしかない。〝浮浪者〟や〝盗賊〟となっていく。今度は、その浮浪者たちを取り締まる。監獄を作る。精神病院を作る（働かざる者は精神病者だった）。大人は工場に、子供は学校に入れ、規律をたたき込む。

フーコーのいうとおり、監獄、学校、兵舎は権力による規律訓練装置だった。規律をたたき込まないと、それまで自由に生きてきた農民たちは、資本のいいなりにならない。実際、当時の労働者たちは、月曜日を勝手に休日とする「聖月曜日」という習慣を維持して、抵抗していたくらいだ。

転がる石のように

オルタナ農夫、朝だけ耕、ヘタレ田人なんて、まあ、数百人がやってるぶんには見逃してもやるが、もしも大きな潮流になってきたら、絶対に見逃さない。国家が、大資本が、徹底的につぶしにかかる。いまから見えている。

じゃあ、やっぱりだめじゃないか。将来の展望なんか、ないじゃないか——。

おっちょこちょいの粗忽者《そこつもの》は、すぐにそういうことを、先走って言う。
いや、いいんだ。それで、いいんだ。
世界を変革することが、目的じゃない。世界は、どちらの方向へ向かおうが、良くも悪くもなりはしない。世界は、常に醜く、生きるに値しない。

こんな奴らといっしょでは、この地獄のばか騒ぎは永久に続きかねない（略）奴らがやめるわけがあろうか？　人間世界のやりきれなさをこれほど痛切に感じたのは初めてだった。

（セリーヌ『夜の果てへの旅』）

世界は変わらない。ただ、世界の、人間の、真実を見つめるだけでいいんだ。黒く塗りたくること、世界も、他人も、自分も、黒く塗りたくること。黒く塗れ！

It's not easy facing up
When your whole world is black
I wanna see it painted black

（ローリング・ストーンズ「黒く塗れ」）

この先の将来の、確かな青写真があるわけじゃない。いや、あったらおかしいじゃないか。革命など気取っていない。むしろ、わたしは、徹底的に非革命（反革命ではない）だ。ジョイスの言うとおり。革命だって月賦で、マルイの分割ローンでやってくれ。

オルタナ農夫が、まかり間違って流行したら、つぶされるだろう。ではその先、どう転んでいけばいいか。いまから分かっているわけではない。でも、そんなもの、いま分かってなくていいんだ。ただ、移動し続けること。どんどん転がって、自分が変わっていけばいいんだ。本物のミュージシャンは、みんな、そうやって生き残ってきたんだ。おれはどこへ行くんだろう、なんて考え始めたら、やきが回った証拠だ。どこへも行きやしない。

Once upon a time you dressed so fine
Threw the bums a dime in your prime, didn't you ?
People call say 'beware doll, you're bound to fall'
You thought they were all kidding you
You used to laugh about
Everybody that was hanging out
Now you don't talk so loud
Now you don't seem so proud
About having to be scrounging your next meal
How does it feel, how does it feel ?
To be without a home

Like a complete unknown, like a rolling stone

（ボブ・ディラン「ライク・ア・ローリング・ストーン」）

かつては裕福にくらしていて、
新聞記者なんて名乗っちゃって、
世間のやつに「ものを教えてやる」って態度で、
上から目線、偉ぶっていたんだろ？
世間のやつに「そう、うまいことばかりは続かないぜ」と言われても、
「馬鹿が馬鹿を言ってらあ」と、
鼻で笑っていたんだろ？
いま、会社がつぶれそうになって、
出版業界も氷河期になって、
ライター仕事の原稿料も安くなり、
でかい口もきけず、羽振りもよくなくなり、
田舎に飛ばされ根無し草、
どんな気がする？　どんな感じだ？
「転がる石」みたいに落ちぶれて、
どんな気分なんだよ、おい？

それが、悪い気がしないんだ。まだまだ、転がっていけそうな気がしているんだ。

「アロハで農夫」は、どうやら成功した。米は、自分で手に入れられる。おかずやビールはライター稼業で稼ぐつもりだが、なんなら自分で獲ってきたっていいと、思い始めている。じつは、銃猟の免許を、とった。イノシシやシカなど、田んぼを荒らす害獣が増えて、みんな困っている。田を守るため、ついでにおかずのために、いざとなったら、殺生だって辞さない。かわいそうな気もするが、こっちだって生きていかなきゃならないんだ。いかさましているのは、大企業や大金持ちだけじゃない。みんな、インチキしているんだ。だって、生きてんだから。

この先、「アロハで猟師」や「アロハで食肉卸」、「アロハで子守り」なんてのも、考えている。そう簡単に追い出されて、世界からエンクロージャーされて、たまるもんか。いつでも、この世の中に、生きるすき間（ニッチ）は見つけてやる。

自分探しなんて、しない。永遠のニッチ探し。転がる石。

だから、楽しいんだ。

だから人生は、生きるに値するんだ。

あとがき

安倍《あべ》晋三《しんぞう》氏の尊敬する人物は吉田松陰《よしだしょういん》なんだという。安倍氏は、『留魂録』も読んだような雰囲気のことを書いているんだけど、ほんとかね？ 怪しいもんだよテケレッツのパァ。松蔭先生の名文を、腰を落ち着けて、時間をかけて熟読玩味《じゅくどくがんみ》したような人に見えない。「身はたとひ武蔵の野辺に朽ちぬとも留め置かまし大和魂」の歌ひとつなんじゃねえの、失礼ながら。

なぜなら、松蔭先生は、本当の意味での愛国者、愛郷者、保守主義者であったから。

連霖残熟麦
激水漂新秧
農事方如此
吾行何足傷

連霖《れんりん》に熟麦《じゅくばく》残り、
激水に新秧《しんおう》漂《ただよ》ふ。

農事方《まさ》に此《か》くの如し、
吾が行何ぞ傷《いた》むに足らんや。

（吉田松陰『縛吾集』）

この長雨で熟れた麦はまだ残っており、勢いの激しい水に、若い稲の苗が流されてしまう。田畑の仕事とは、まさにこうしたもの、ままならぬ。萩から江戸へ護送されることになった自分の道行きなど、なにを嘆く必要などあろうか。

安政の大獄で捕らえられ、この五カ月後に刑死することになっても、松蔭は、田んぼのことばかり考えていた。自分の死なんか、たいしたことじゃない。繰り返しそう、書いている。「農事方《まさ》に此《か》くの如し」って、安倍さんは知ってるだろうか？　知るわけないよな。乳母日傘の政治家三代目。

こう言っちゃなんだが、渋谷生まれで安倍さんと同じ町内会のわたしは、連霖も激水も知ってるぞ。このあとがきを書いている、まさにいまのいま、わが田んぼの新秧が水に漂って、泣いている。こちとら、身をもって、知っているんだ。

そして、知れば知るほど、日本という故郷《くに》が好きになる。愛おしくなってくる。だから、この故郷《くに》の風土、人情を激変させようとするあらゆることどもを、激しく憎む。いつしか、わたしはそんな愛国者、愛郷者、保守主義者になっていた。

アベノミクスはもちろん、新自由主義も、ネトウヨも市場原理主義も、わたしのような愛郷者から見ると、急進主義者、過激派、原理主義の革命家に見える。瑞穂の国のわが愛しき日本を、いったいどうしようってんだ、てめえらは。

と、まあ、最後の最後まで熱くなってしまったが、ほんとうのことを言うと、長崎県諫早市、日本の西の果て、もう少し西に飛ばされたら海に落っこちてしまう地まで飛んでくると、中央政界のあれやこれやが、どうでもよくなってくる。日々のニュースに、まどわされなくなる。精神衛生に、きわめてよろしい。「お天道様と米の飯はついてくらあ」と、無邪気に信じられるようになっている。

諫早市に移り住んで二年目。もちろん、米作りを続けている。二年目はさらに過激になって、機械を一切使わない。雑草取りから田起こし、代かき、もちろん田植えと、すべて自分の手足でやっている。周りの農家は、最初あきれて、訝《いぶか》しんでいたが、いまは、親切に支えてくれ、教えてもくれる。おもしろがって、見物に来る人もいる。

おかずも、自分で獲ろうかなと思っている。諫早市は、三つの海に囲まれ、魚種も豊富。釣り天国だ。餌の虫は、相変わらずいじれないんだけど。

そして、イノシシの捕獲量が日本一。ご多分にもれず、猟師の数は減って高齢化も著しい。だったら、ってんで、銃猟の免許をとっている。片手に散弾銃、心に花束、唇に地の酒、背中で泣いてる唐獅子牡丹。

そして、これがいちばん重要なことだが、そういった毎日が、もう、楽しくて仕方がないのだ。こんな時代を生き延びようというアイデアが、次から次に出てくる。すると、本業であるはずのライター稼業にも、はずみがついてくるのだろう。東京からこんな田舎にやってきて、去年よりも編集者たちからの発注仕事が増えたって、どういうことなんだ？　それはきっと、自分が楽しそうだから。生き生きと、自分だけの生を、生ききっているように見えるから。そう、確信している。

最後に謝辞を。

〝野菜〟を背負って行商に歩いていたわたしの話を聞いてくれ、企画実現に奔走してくれた河出書房新社の阿部晴政さん、岩本太一さんに。装丁を担当してくれた天才デザイナー福島源之助さんは、わたしのデビュー作『リアルロック』の装丁もしてくれた。今回も最高なデザインです。猫イラストは、必殺仕事師デザイナーの小松史佳さん。こまっちゃんは、まったく、そそっかしいんだから、たぶん間違えて早過ぎるのに行っちゃった天国だけど、そっちでも読んでくれるとうれしいね。

そして、なによりも長崎県諫早市旧田結村のわが師匠、田んぼの詩人・松林武さんに、最大級の感謝とともに、本書を捧げたいと思います。ほんなこと、おあいがとうござんした、なたぁ。

最後の最後の鼻歌は、こまっちゃんが好きだったハノイ・ロックスを、ど下手な超訳で。ピース。

Well I'm heading right to nowhere,
'Cos nowhere's where I'm from
Maybe to heaven, maybe to hell,
I tell you, only the time will tell
I'm the rebel on the run
Don't ask what I search for
I'm a refugee and I always will be

（ハノイ・ロックス「Rebel On The Run」）

どこにもたどり着きゃあしないよ
どっから来たんでもないんだから
天国行きか、地獄落ちか
まあ、その時が来たら分かるって
おれは、とんずら中の叛逆者
なにを探してるのかって?
世間から　時代から　ばっくれてるだけ
だけど　つかまるつもりも　ないんだぜ

人力田植え真っ最中の二〇一五年六月

近藤康太郎

文庫版のための あとがき

本書は『おいしい資本主義』（河出書房新社）の文庫化です。改稿しましたが、基本はオリジナルを踏襲しています。最初に田んぼに足を踏み入れたのが二〇一四年。以来、安倍政権の終わり、元首相の銃撃死、コロナ禍にウクライナ戦争と、約十年のあいだにさまざまありましたが、内容を大幅に書き換える必要は認められなかった。

むしろ、本書の思いつきに近いコンセプト——自分の生を生きるために、自分の食いものは自分で確保する——は、ますます重要になっている。とくにコロナ禍では、マスクやトイレットペーパーだけでなく、米の買い占めに走る人もいたことをわたしは忘れません。穀倉地帯のウクライナが戦場になっていることもあって、穀物価格が値上がりし、世界的な食糧不足も懸念されています。やはり食べものは、文字どおり生命線なんです。

二〇一五年に『おいしい資本主義』を上梓してから、わたしのまわりではおもしろいほど〝事件〟が起きるようになりました。本書に書いているように、本当に「アロハで猟師」になってしまいました。鉄砲をかついで、山や海で獲物を探し、撃ち、回収しています。その顚末は、『アロハで猟師、はじめました』（河出書房新社）にまとめています。

その後はなぜか自宅に若者が集まるようになり、彼らに文章や勉強を教える私塾を始めます。『三行で撃つ〈善く、生きる〉ための文章塾』、『百冊で耕す〈自由に、なる〉ための読書術』（いずれもCCCメディアハウス）として書籍化しています。

　その若者たちの手伝いもあって、長崎・田結村の田んぼは年々大きくなり、いまでは地区で最大の百姓になってしまいました。また、食肉処理工場も開き、東京のフレンチレストランにわたしの撃った鴨を卸すまでになっています。でも、プロじゃない。あくまでアマチュア。だれからも、おカネはとっていません。カネが絡むと、つまり「商品」の交換になると、この話はとたんにつまらなくなるからです。そのかわり、わたしもしっかり、対価を受け取っています。それは、若者たちの労働であったり、レストランの客、読者からの声援であったりする。柄谷行人《からたにこうじん》さんが言うところの「交換様式D」になっているんじゃないかと、自分では思っています。そんなことを、こんどは『アロハでアナキスト、はじめました』（仮称）とでもして、書籍にしようと企んでいます。

　つまり、田舎にいると、どんどん企画が浮かんでくるんです。誇大妄想が膨らんでくる。笑えるから。生きることが、そのまま笑劇（ファルス）になるからです。

　朝日新聞での連載と同様、辛酸なめ子さんにイラストを担当していただけたのが、じつは文庫化でいちばんうれしかったことです。なめ画伯の冷静な突っ込みを読むと、初めて自分のしていることの馬鹿さ加減が分かります。画伯に、心から感謝申し上げます。

猟期真っ最中の二〇二三年一月　　近藤康太郎

本書は二〇一五年小社より刊行した『おいしい資本主義』を
改題・改稿し新たに挿画を加え文庫化したものです。

アロハで田《た》植《う》え、はじめました

二〇二三年 五 月一〇日 初版印刷
二〇二三年 五 月二〇日 初版発行

著 者 近藤康太郎《こんどうこうたろう》

発行者 小野寺優
発行所 株式会社河出書房新社
〒一五一－〇〇五一
東京都渋谷区千駄ヶ谷二－三二－二
電話〇三－三四〇四－八六一一（編集）
〇三－三四〇四－一二〇一（営業）
https://www.kawade.co.jp/

ロゴ・表紙デザイン 粟津潔
本文フォーマット 佐々木暁
本文組版 KAWADE DTP WORKS
印刷・製本 中央精版印刷株式会社

Printed in Japan ISBN978-4-309-41961-9

TOKYO 0円ハウス 0円生活

坂口恭平 41082-1

「東京では一円もかけずに暮らすことができる」――住まいは二十三区内、総工費０円、生活費０円。釘も電気も全てタダ⁉　隅田川のブルーシートハウスに住む「都市の達人」鈴木さんに学ぶ、理想の家と生活とは？

自己流園芸ベランダ派

いとうせいこう 41303-7

「試しては枯らし、枯らしては試す」。都会の小さなベランダで営まれる植物の奇跡に一喜一憂、右往左往。生命のサイクルに感謝して今日も水をやる。名著『ボタニカル・ライフ』に続く植物エッセイ。

愛別外猫雑記

笙野頼子 40775-3

猫のために都内のマンションを引き払い、千葉に家を買ったものの、そこも猫たちの安住の地でなかった。猫たちのために新しい闘いが始まる。涙と笑いで読む者の胸を熱くする愛猫奮闘記。全ての愛猫家必読！

私の部屋のポプリ

熊井明子 41128-6

多くの女性に読みつがれてきた、伝説のエッセイ待望の文庫化！　夢見ることを忘れないで……と語りかける著者のまなざしは優しい。

感傷的な午後の珈琲

小池真理子 41715-8

恋のときめき、出逢いと別れ、書くことの神秘。流れゆく時間に身をゆだね、愛おしい人を思い、生きていく――。過ぎ去った記憶の情景が永遠の時を刻む。芳醇な香り漂う極上のエッセイ！文庫版書下し収録。

早起きのブレックファースト

堀井和子 41234-4

一日をすっきりとはじめるための朝食、そのテーブルをひき立てる銀のポットやガラスの器、旅先での骨董ハンティング…大好きなものたちが日常を豊かな時間に変える極上のイラスト＆フォトエッセイ。

家と庭と犬とねこ

石井桃子　41591-8

季節のうつろい、子ども時代の思い出、牧場での暮らし……偉大な功績を支えた日々のささやかなできごとを活き活きと綴った初の生活随筆集を、再編集し待望の文庫化。新規三篇収録。解説＝小林聡美

みがけば光る

石井桃子　41595-6

変わりゆく日本のこと、言葉、友だち、恋愛観、暮らしのあれこれ……子どもの本の世界に生きた著者が、ひとりの生活者として、本当に豊かな生活とは何かを問いかけてくる。単行本を再編集、新規五篇収録。

にんげん蚤の市

高峰秀子　41592-5

エーゲ海十日間船の旅に同乗した女性は、ブロンズの青年像をもう一度みたい、それだけで大枚をはたいて参加された。惚れたが悪いか——自分だけの、大切なものへの愛に貫かれた人間観察エッセイ。

でもいいの

佐野洋子　41622-9

どんなときも口紅を欠かさなかった母、デパートの宣伝部時代に出会った篠山紀信など、著者ならではの鋭い観察眼で人々との思い出を綴った、初期傑作エッセイ集。『ラブ・イズ・ザ・ベスト』を改題。

パリジェンヌ流　今を楽しむ！自分革命

ドラ・トーザン　41583-3

自分のスタイルを見つけ、今を楽しんで魅力的に生きるフランス人の智恵を、日仏で活躍する生粋のパリジェンヌが伝授。いつも自由で、心に自分らしさを忘れないフランス人の豊かで幸せな生き方スタイル！

女ひとりの巴里ぐらし

石井好子　41116-3

キャバレー文化華やかな一九五〇年代のパリ、モンマルトルで一年間主役をはった著者の自伝的エッセイ。楽屋での芸人たちの悲喜交々、下町風情の残る街での暮らしぶりを生き生きと綴る。三島由紀夫推薦。

いつも異国の空の下

石井好子　41132-3

パリを拠点にヨーロッパ各地、米国、革命前の狂騒のキューバまで——戦後の占領下に日本を飛び出し、契約書一枚で「世界を三周」、歌い歩いた八年間の移動と闘いの日々の記録。

巴里ひとりある記

高峰秀子　41376-1

1951年、27歳、高峰秀子は突然パリに旅立った。女優から解放され、パリでひとり暮らし、自己を見つめる、エッセイスト誕生を告げる第一作の初文庫化。

季節のうた

佐藤雅子　41291-7

「アカシアの花のおもてなし」「ぶどうのトルテ」「わが家の年こし」……家族への愛情に溢れた料理と心づくしの家事万端で、昭和の女性たちの憧れだった著者が四季折々を描いた食のエッセイ。

人生はこよなく美しく

石井好子　41440-9

人生で出会った様々な人に訊く、料理のこと、お洒落のこと、生き方について。いくつになっても学び、それを自身に生かす。真に美しくあるためのエッセンス。

その日の墨

篠田桃紅　41335-8

筆との出会い、墨との出会い。戦争中の疎開先での暮らしから、戦後の療養生活を経て、墨から始めて国際的抽象美術家に至る、代表作となった半生の記。

灯をともす言葉

花森安治　41869-8

「美」について、「世の中」について、「暮し」について、「戦争」について——雑誌「暮しの手帖」創刊者が、物事の本質をつらぬく。時代を超えて、今こそ読み継がれるべき言葉たち。

志ん生一家、おしまいの噺

美濃部美津子　41633-5

昭和の名人・古今亭志ん生の長女が、志ん生を中心に、母、妹、弟（馬生、志ん朝）との、貧乏だが愉しく豊かな昭和の暮らしをふり返る。肉親にしか書けない名人たちの舞台裏。

かわいい夫

山崎ナオコーラ　41730-1

「会社のように役割分担するのではなく、人間同士として純粋な関係を築きたい」。布で作った結婚指輪、流産、父の死、再びの妊娠……書店員の夫との日々の暮らしを綴る、"愛夫家"エッセイ！

母ではなくて、親になる

山崎ナオコーラ　41737-0

妊活、健診、保育園落選……37歳で第一子を産んだ人気作家が、赤ん坊が１歳になるまでの、親と子の様々な驚きを綴ってみると⁉　単行本刊行とともに大反響を呼んだ、全く新しい出産子育てエッセイ。

中央線をゆく、大人の町歩き

鈴木伸子　41528-4

あらゆる文化が入り交じるＪＲ中央線を各駅停車。東京駅から高尾駅まで全駅、街に隠れた歴史や鉄道名所、不思議な地形などをめぐりながら、大人ならではのぶらぶら散歩を楽しむ、町歩き案内。

山手線をゆく、大人の町歩き

鈴木伸子　41609-0

東京の中心部をぐるぐるまわる山手線を各駅停車の町歩きで全駅制覇。今も残る昭和の香り、そして最新の再開発まで、意外な魅力に気づき、町歩きの楽しさを再発見する一冊。各駅ごとに鉄道コラム掲載。

わたしの週末なごみ旅

岸本葉子　41168-2

著者の愛する古びたものをめぐりながら、旅や家族の記憶に分け入ったエッセイと写真の『ちょっと古びたものが好き』、柴又など、都内の楽しい週末"ゆる旅"エッセイ集、『週末ゆる散歩』の二冊を収録！